ACHTUNG DROHNE!

Kontext, Macht und die neue Logik technologischer Systeme

Emanuel Kotzian

NEUE RATIO VERLAG

In Erinnerung an einen
kritischen Geist und Freund
RA Matthias Schillo

Inhaltsverzeichnis

Vorwort

Es beginnt oft nicht mit einem Knall. Nicht mit einem Ereignis, das sich klar benennen lässt. Nicht mit einem Moment, von dem man später sagen könnte: Genau dort hat alles angefangen.

Oft beginnt es mit einem Geräusch.

Ein leises, kaum wahrnehmbares Summen. So leise, dass man es zunächst fast automatisch zur Seite schiebt. Vielleicht ist es nur eine Einbildung. Vielleicht ein technisches Gerät in der Nähe. Vielleicht Wind, vielleicht ein Echo, vielleicht gar nichts. Und doch reagiert der Körper schneller als der Verstand. Der Blick geht nach oben – reflexhaft, beinahe unbewusst. Für einen kurzen Augenblick hält man inne.

Doch der Himmel bleibt leer.

Kein Flugzeug. Kein Hubschrauber. Kein sichtbarer Ursprung. Nichts, woran sich das Gehör festhalten könnte. Nichts, was das Geräusch eindeutig erklärt. Und gerade darin liegt der Bruch. Denn was sich hier bemerkbar macht, ist nicht einfach nur ein Ton. Es ist eine Irritation. Eine kleine Verschiebung in der Wahrnehmung. Ein Moment, in dem die vertraute Ordnung nicht mehr ganz trägt.

Und genau in diesem Moment entsteht ein Gefühl.

Nicht laut. Nicht dramatisch. Nicht so, dass es sofort in Worte gefasst werden könnte.

Eher leise. Unterschwellig. Aber deutlich genug, um sich festzusetzen. Deutlich genug, um nachzuwirken. Es ist dieses schwer zu beschreibende Gefühl, dass etwas nicht mehr so ist wie vorher. Dass sich etwas verändert hat – nicht unbedingt sichtbar, nicht unbedingt greifbar, aber spürbar.

Das Gefühl, dass sich etwas verändert hat.

Technologie war schon immer ein Teil menschlicher Entwicklung. Seit Menschen Werkzeuge herstellen, erweitern sie ihre Möglichkeiten durch Technik. Sie haben sich mit ihrer Hilfe gegen Naturgewalten geschützt, Entfernungen überwunden, Arbeit organisiert, Wissen gespeichert und Macht ausgeübt. Technologie war nie nur Mittel zum Zweck. Sie war immer auch Ausdruck davon, wie Menschen die Welt verstehen – und wie sie versuchen, auf sie einzuwirken.

Sie hat Werkzeuge hervorgebracht, Prozesse beschleunigt und Grenzen verschoben.
Sie hat das Leben erleichtert, aber auch komplizierter gemacht.
Sie hat Möglichkeiten geschaffen – und Abhängigkeiten zugleich.

Doch lange Zeit blieb ihre Wirkung auf eine bestimmte Weise greifbar. Man konnte sehen, was sie tat. Man konnte verstehen, wo sie wirkte. Man konnte Ursache und Wirkung zumindest in groben Zügen miteinander verbinden. Eine Maschine stand an einem Ort. Ein Werkzeug wurde in die Hand genommen. Ein Fahrzeug bewegte sich sichtbar durch den Raum. Technik war präsent, aber sie war auch lokalisierbar. Sie hatte einen Ort, eine Form, einen Zusammenhang.

Heute ist das anders.

Moderne technologische Systeme verändern nicht nur, was wir tun. Sie verändern, wie wir wahrnehmen, wie wir Entscheidungen treffen – und wie wir überhaupt begreifen, was geschieht. Sie greifen nicht mehr nur in einzelne Abläufe ein. Sie verändern die Struktur dieser Abläufe. Sie verschieben den Zusammenhang von Beobachtung, Bewertung und Handlung. Und oft tun sie das nicht offen, sondern im Hintergrund.

Gerade das macht sie so wirkmächtig.

Drohnen sind dabei ein besonders prägnantes Beispiel.

Sie stehen gewissermaßen an der Schnittstelle zwischen Sichtbarkeit und Unsichtbarkeit. Sie sind technisch konkret und zugleich symbolisch aufgeladen. Man kann sie als Geräte beschreiben – aber damit ist noch längst nicht erklärt, was sie in unserer Wahrnehmung auslösen. Denn ihre Wirkung ist größer als ihre physische Erscheinung.

Sie sind sichtbar – und gleichzeitig oft unsichtbar.
Sie sind präsent – und doch schwer zu greifen.
Sie wirken – ohne dass wir sie unmittelbar erleben.

Genau darin liegt ihre Besonderheit. Eine Drohne ist nicht einfach nur ein fliegendes Gerät. Sie ist ein Zeichen dafür, dass Technologie eine neue Form angenommen hat. Eine Form, in der Anwesenheit nicht mehr an Sichtbarkeit gebunden ist. Eine Form, in der Beobachtung stattfinden kann, ohne dass ein Beobachter erkennbar wäre. Eine Form, in der Einfluss ausgeübt werden kann, ohne dass seine Quelle eindeutig zu benennen ist.

Der Panzer war eine Maschine, die Angst erzeugte, weil sie sichtbar war. Laut, massiv, unübersehbar. Wenn er kam, wusste man es. Man konnte ihn sehen, hören, spüren. Die Bedrohung war eindeutig. Sie war physisch, konkret und unmittelbar. Gerade dadurch war sie schrecklich – aber sie war auch eindeutig.

Die Drohne ist anders.

Sie ist leiser.
Sie ist kleiner.
Und vor allem: Sie ist nicht immer dort, wo man sie vermutet.

Manchmal ist sie gar nicht sichtbar. Und genau das verändert alles.

Denn das Gefühl, das sie erzeugt, entsteht nicht in erster Linie aus ihrer physischen Präsenz. Es entsteht aus der Möglichkeit ihrer Präsenz. Aus der Unsicherheit, die sie hinterlässt. Aus dem Wissen, dass sie da sein könnte. Dass sie beobachtet. Dass sie Teil eines größeren Zusammenhangs ist, den man selbst weder sehen noch überblicken kann.

Diese Unsicherheit ist nicht spektakulär. Sie ist nicht der plötzliche Schock, sondern eher eine dauerhafte Verschiebung. Ein leiser Druck auf die Wahrnehmung. Ein Zustand, in dem der Raum um einen herum seine Selbstverständlichkeit verliert. Denn wenn etwas beobachten kann, ohne selbst sichtbar zu werden, verändert sich das Verhältnis zwischen Mensch und Umgebung. Das Vertraute wird vorsichtiger gelesen. Das Gewöhnliche bekommt einen Unterton.

Als normaler Mensch hat man keine Chance, sich dem zu entziehen.

Und genau deshalb entsteht Angst.

Nicht als dramatische Reaktion, sondern als leises, konstantes Gefühl von Kontrollverlust. Als Ahnung, dass sich etwas dem eigenen Zugriff entzieht. Dass die eigene Wahrnehmung nicht ausreicht. Dass man in ein System eingebunden ist, dessen Logik man nicht vollständig kennt.

Was wir als Menschen in solchen Momenten oft tun, ist nachvollziehbar.

Wir wenden uns ab.

Wir beschäftigen uns nicht gerne mit Dingen, die wir nicht kontrollieren können. Wir meiden Themen, die uns verunsichern. Wir verschieben sie in den Bereich des Spezialwissens. Wir sagen uns, dass sich Experten darum kümmern werden, Institutionen, Behörden, Fachleute, „die da oben". Das ist menschlich. Es ist ein

Schutzmechanismus. Wer Komplexität nicht aushält, versucht sie zu reduzieren – manchmal, indem er sie ignoriert.

Doch genau das ist der falsche Reflex.

Denn nur das, was wir verstehen, können wir einordnen. Und nur das, was wir einordnen können, verliert seine diffuse Bedrohlichkeit.

Verstehen bedeutet dabei nicht, jedes technische Detail zu kennen. Es bedeutet nicht, jedes System vollständig beherrschen zu müssen. Es bedeutet vielmehr, die grundlegende Logik zu erfassen. Zu erkennen, wie etwas wirkt. Zu begreifen, warum es uns irritiert. Zu verstehen, was sich durch moderne Technologien in unserer Welt verändert.

Dieses Buch ist ein Versuch, genau das zu leisten.

Es ist kein technisches Handbuch. Es ist keine Sammlung von Daten oder eine Anleitung zur Bedienung von Systemen. Es will nicht erklären, wie man ein Gerät konstruiert, programmiert oder einsetzt. Es will vielmehr einen anderen Zugang eröffnen: den Zugang zum Denken über Technologie. Es fragt nicht nur, was moderne Systeme können, sondern was sie mit unserer Wahrnehmung, mit unseren Begriffen und mit unserem Verständnis von Wirklichkeit machen.

Es ist ein Versuch, die Logik zu verstehen, nach der moderne Technologien wirken.

Und es ist ein Versuch, diese Logik so zu beschreiben, dass sie zugänglich wird. Nicht vereinfacht bis zur Belanglosigkeit, aber verständlich genug, um Orientierung zu geben. Denn gerade in einer Zeit, in der technologische Systeme immer komplexer werden, ist Verständlichkeit kein Luxus. Sie ist Voraussetzung für Mündigkeit.

Drohnen sind dabei nur der Einstieg.

Sie sind nicht das eigentliche Thema.

Das eigentliche Thema ist das, was hinter ihnen liegt.

Es geht um Systeme.
Es geht um veränderte Formen von Wahrnehmung.
Es geht um die Frage, wie Entscheidungen heute entstehen.
Und es geht darum, was all das für uns bedeutet – als Gesellschaft, als politische Gemeinschaft, als informierte Bürger.

Denn vielleicht ist die eigentliche Herausforderung unserer Zeit nicht, dass neue Technologien entstehen. Vielleicht liegt sie darin, dass wir lernen müssen, anders über sie nachzudenken.

Kapitel 1: Die neue Sprache technologischer Systeme

Es gibt Momente, in denen sich etwas verändert, ohne dass man sofort sagen kann, was genau es ist.

Es ist kein klarer Bruch. Kein lautes Ereignis. Kein Augenblick, der sich sofort benennen und festhalten lässt. Eher eine Verschiebung. Eine feine Irritation. Etwas, das sich zunächst nicht in Worte fassen lässt, aber dennoch spürbar ist.

Man spürt es eher, als dass man es versteht.

Ein kurzer Moment der Irritation. Ein leiser Zweifel an der eigenen Wahrnehmung. Das Gefühl, dass die gewohnten Begriffe nicht mehr ausreichen, um das zu beschreiben, was man gerade erlebt. Dass die Sprache, mit der man bisher Ordnung geschaffen hat, plötzlich an ihre Grenzen stößt. Nicht, weil sie falsch wäre, sondern weil die Welt, auf die sie sich bezieht, nicht mehr dieselbe ist.

Diese Momente sind selten laut. Sie kündigen sich nicht an. Sie drängen sich nicht auf.

Gerade deshalb sind sie so leicht zu übersehen. Man nimmt sie wahr und geht doch oft weiter, weil nichts Spektakuläres geschieht. Kein Alarm, kein offensichtlicher Einschnitt, kein Moment, der sofort als bedeutsam erkannt wird. Und genau deshalb sind sie so entscheidend.

Und genau deshalb sind sie so entscheidend.

Stellen wir uns noch einmal diese Szene vor.

Ein Raum. Mehrere Bildschirme. Gedämpftes Licht. Menschen, die konzentriert arbeiten. Auf einem Monitor laufen Bilder ein – flüchtig, fragmentarisch, schwer zu greifen. Auf einem anderen erscheinen Zahlen, Koordinaten, Zeitstempel. Dazwischen kurze Hinweise, Markierungen, Bewertungen.

Es ist eine unspektakuläre Szenerie. Nichts daran wirkt auf den ersten Blick dramatisch. Es gibt keine sichtbare Eskalation. Keine hektischen Bewegungen. Keine Anzeichen von Chaos. Und doch liegt über dieser Szene eine eigentümliche Dichte. Man spürt, dass hier etwas geschieht, das mehr ist als reine Routine.

Es ist ruhig.

Keine Hektik, keine sichtbare Dramatik.

Und doch passiert hier etwas.

Man könnte sagen: Hier wird gearbeitet.
Man könnte sagen: Hier wird beobachtet.
Man könnte sagen: Hier wird analysiert.

Alles stimmt. Und gleichzeitig greift es zu kurz.

Denn das, was hier tatsächlich geschieht, ist mehr als die Summe dieser Tätigkeiten. Es ist nicht einfach nur die Abfolge einzelner Arbeitsschritte. Nicht bloß Beobachtung, nicht bloß Analyse, nicht bloß Auswertung. In diesem Raum verdichtet sich etwas. Daten werden nicht nur gesammelt, sondern in Beziehung gesetzt. Hinweise werden nicht nur notiert, sondern gewichtet. Einzelteile fügen sich langsam zu einem Zusammenhang.

Hier entsteht etwas.

Langsam. Schritt für Schritt. Nicht als einzelner Moment, sondern als Prozess.

Eine Entscheidung.

Und genau an diesem Punkt beginnt die Irritation.Denn diese Entscheidung hat keinen klaren Ursprung.

Es gibt keinen Moment, in dem man sagen könnte: „Jetzt ist sie gefallen."
Es gibt keinen einzelnen Akteur, der sie eindeutig getroffen hat.
Es gibt keinen Ort, an dem sie lokalisiert werden kann.

Die Entscheidung entsteht.

Und das ist etwas grundlegend anderes. Früher war das anders.

Oder zumindest ließ es sich so beschreiben. Wahrnehmung war direkter. Man musste anwesend sein, um etwas zu sehen. Man musste sich in einer Situation befinden, um sie zu verstehen. Entscheidungen waren gebunden an Personen, an Orte, an konkrete Situationen. Wer handelte, war in der Regel erkennbar. Wer etwas entschied, war benennbar. Man konnte den Weg von der Wahrnehmung zur Handlung eher nachvollziehen.

Man konnte sie nachvollziehen.
Man konnte sie erklären.
Und vor allem: Man konnte sie zuordnen.

Heute verschiebt sich genau diese Zuordnung.

Wahrnehmung ist nicht mehr unmittelbar. Sie wird vermittelt.

Sensoren erfassen Daten. Kameras liefern Bilder. Systeme sammeln Informationen, filtern sie, gewichten sie, verknüpfen sie miteinander.

Zwischen dem, was geschieht, und dem, was wir davon wahrnehmen, liegt heute oft ein ganzes Geflecht technischer Prozesse. Was früher direkt gesehen wurde, wird heute durch Systeme erfasst, übersetzt, aufbereitet und weitergegeben. Das verändert die Qualität der Wahrnehmung selbst.

Was wir sehen, ist nicht mehr die Realität selbst.

Es ist eine Interpretation.

Und diese Interpretation entsteht nicht an einem Ort.

Sie entsteht im System.

Das ist ein Satz, den man schnell liest.

Aber er verändert alles.

Denn wenn Wahrnehmung nicht mehr direkt ist, sondern vermittelt, dann verändert sich die Grundlage jeder Entscheidung. Entscheidungen beruhen dann nicht mehr auf unmittelbarer Erfahrung, sondern auf verarbeiteten Daten. Auf Bildern, die bereits gefiltert wurden. Auf Informationen, die bereits in einen Zusammenhang gestellt wurden.

Wenn Entscheidungen nicht mehr punktuell getroffen werden, sondern das Ergebnis eines Prozesses sind, dann verändert sich die Verantwortung.

Und wenn Handlung nicht mehr lokal stattfindet, sondern systemisch entsteht, dann verändert sich die Art, wie wir über Handlung sprechen.

Wir stehen damit vor einem Problem, das auf den ersten Blick unscheinbar wirkt – aber in seiner Tiefe kaum zu überschätzen ist.

Unsere Sprache ist dafür nicht gemacht.

Die Begriffe, mit denen wir die Welt beschreiben, stammen aus einer Zeit, in der Dinge klarer waren.

Nicht einfacher. Aber klarer.

Man konnte sehen, wer handelt. Man konnte erkennen, wo etwas geschieht. Man konnte nachvollziehen, warum eine Entscheidung getroffen wurde.

Diese Klarheit war nie perfekt.

Aber sie war ausreichend, um Orientierung zu geben.

Heute reicht sie nicht mehr.

Das ist kein rein sprachliches Problem. Es ist ein Problem des Verstehens. Denn Sprache ist nicht nur ein Mittel zur Beschreibung. Sie ist auch ein Werkzeug der Ordnung. Mit ihr unterscheiden wir, wer handelt und wer betroffen ist, was Ursache ist und was Wirkung, wo etwas beginnt und wo etwas endet. Wenn diese Sprache nicht mehr passt, verlieren wir Orientierung.

Nehmen wir den Begriff der Kontrolle.

Er gehört zu den zentralen Begriffen, wenn wir über Technologie sprechen.

Wir wollen Systeme kontrollieren. Wir wollen Prozesse im Griff haben. Wir wollen sicherstellen, dass das, was geschieht, unseren Vorstellungen entspricht.

Doch was bedeutet Kontrolle in einem System, das aus unzähligen Komponenten besteht, die miteinander interagieren?

Was bedeutet es, etwas zu kontrollieren, wenn Entscheidungen nicht mehr an einem Punkt entstehen, sondern sich über Prozesse verteilen?

Die klassische Vorstellung von Kontrolle setzt voraus, dass es einen klaren Zugriffspunkt gibt. Einen Ort, an dem man eingreifen kann. Eine Instanz, die steuert. Eine Grenze, innerhalb derer sich etwas beherrschen lässt. Doch moderne technologische Systeme entziehen sich genau dieser Einfachheit.

Kontrolle verliert ihre Eindeutigkeit.

Sie wird unscharf.

Nicht, weil sie verschwindet.

Sondern weil sie sich verändert.

Man hat nicht mehr die vollständige Kontrolle.
Man hat Einfluss.
Man hat Möglichkeiten.
Man hat Wahrscheinlichkeiten.

Das ist ein fundamentaler Unterschied.

Und er ist schwer zu akzeptieren.

Weil er unserer Intuition widerspricht. Weil wir Klarheit bevorzugen. Weil wir glauben möchten, dass Systeme entweder kontrolliert sind oder nicht. Doch in komplexen technologischen Umgebungen ist Kontrolle längst zu etwas graduellen geworden. Sie ist nicht mehr absolut, sondern verteilt, abhängig, situativ.

Ähnlich verhält es sich mit dem Begriff der Präsenz.

Früher bedeutete Präsenz: da sein.

Physisch. sichtbar. greifbar.

Man war vor Ort. Man konnte sehen und gesehen werden.

Heute kann man präsent sein, ohne anwesend zu sein.

Man kann beobachten, ohne gesehen zu werden. Man kann eingreifen, ohne physisch einzugreifen.

Präsenz wird vom Ort entkoppelt.

Sie wird zu einer Eigenschaft des Systems.

Und damit verändert sich auch ihre Bedeutung.

Was früher an den Körper gebunden war, wird heute technisch vermittelt. Einfluss muss nicht mehr sichtbar sein, um wirksam zu werden. Nähe verliert ihre alte Bedeutung. Distanz wird anders organisiert. Die Frage, wer „da“ ist, lässt sich nicht mehr allein räumlich beantworten.

Noch deutlicher wird diese Verschiebung beim Begriff der Handlung.

Handlung war lange Zeit etwas, das man eindeutig zuordnen konnte.

Eine Person trifft eine Entscheidung. Sie führt eine Aktion aus. Diese Aktion hat eine Wirkung.

Eine klare Linie. Eine klare Verantwortung.

Heute verschwimmt diese Linie.

Daten werden erfasst. Systeme analysieren sie. Handlungsmöglichkeiten werden berechnet. Vorschläge werden generiert. Entscheidungen werden vorbereitet.

Der Mensch greift ein – oder bestätigt.

Wer hat gehandelt?

Die Frage ist nicht mehr so einfach zu beantworten.

Denn selbst dort, wo ein Mensch noch beteiligt ist, ist seine Rolle verändert. Er handelt nicht mehr unbedingt aus unmittelbarer Wahrnehmung heraus, sondern innerhalb eines bereits vorstrukturierten Prozesses. Er entscheidet in einem System, das Wahrnehmung, Gewichtung und Vorschlag bereits mitgestaltet hat. Handlung ist dadurch nicht verschwunden — aber sie ist anders eingebettet.

Und genau hier beginnt die eigentliche Herausforderung.

Nicht in der Technologie selbst.

Sondern in der Art, wie wir sie verstehen.

Denn solange wir versuchen, moderne Systeme mit Begriffen zu beschreiben, die aus einer anderen Zeit stammen, werden wir sie nicht wirklich begreifen.

Wir werden sie vereinfachen.
Wir werden sie falsch einordnen.
Und wir werden ihre Wirkung unterschätzen.

Drohnen sind ein besonders klares Beispiel für diese Entwicklung.

Auf den ersten Blick sind sie leicht zu verstehen.

Ein Gerät, das fliegt. Das Bilder aufnimmt. Das Daten überträgt.

Doch diese Beschreibung ist zu einfach.

Eine Drohne ist kein isoliertes Objekt.

Sie ist Teil eines Systems.

Ein Element in einem Netzwerk, das Wahrnehmung erzeugt, Informationen verarbeitet und Handlung vorbereitet.

Wer die Drohne isoliert betrachtet, versteht, was sie kann.

Wer das System betrachtet, beginnt zu verstehen, was sie bewirkt.

Und genau dieser Unterschied ist entscheidend.

Denn die eigentliche Veränderung liegt nicht im Gerät.

Sie liegt in der Struktur, in die es eingebettet ist.

Diese Struktur ist:
vernetzt
dynamisch
kontextabhängig

Und genau deshalb braucht sie eine neue Sprache.

Eine Sprache, die nicht versucht, Komplexität zu reduzieren, sondern sie beschreibbar macht.
Eine Sprache, die akzeptiert, dass nicht alles eindeutig ist.
Eine Sprache, die Raum lässt für Prozesse, für Übergänge, für Unsicherheit.

Das ist ungewohnt.

Es widerspricht unserer Intuition.

Wir suchen Klarheit. Eindeutigkeit. einfache Erklärungen.

Doch moderne Systeme bieten uns das nicht.

Sie bieten uns etwas anderes.

Sie bieten uns die Möglichkeit, mehr zu sehen, mehr zu verstehen, schneller zu reagieren.

Aber sie fordern dafür einen Preis.

Den Preis, dass wir lernen müssen, anders zu denken.

Nicht nur in Kategorien von Ursache und Wirkung. Nicht nur in Begriffen von Ort, Handlung und Kontrolle. Sondern in Prozessen, in Wechselwirkungen, in verteilten Zusammenhängen. Das ist anspruchsvoller. Aber es ist notwendig.

Dieses Kapitel ist ein erster Schritt in diese Richtung.

Ein Versuch, die Begriffe zu hinterfragen, mit denen wir die Welt beschreiben.

Und ein Versuch, Raum zu schaffen für eine neue Art des Verstehens.

Denn nur wenn wir unsere Sprache verändern, können wir beginnen, die Realität zu verstehen, in der wir uns bereits befinden.

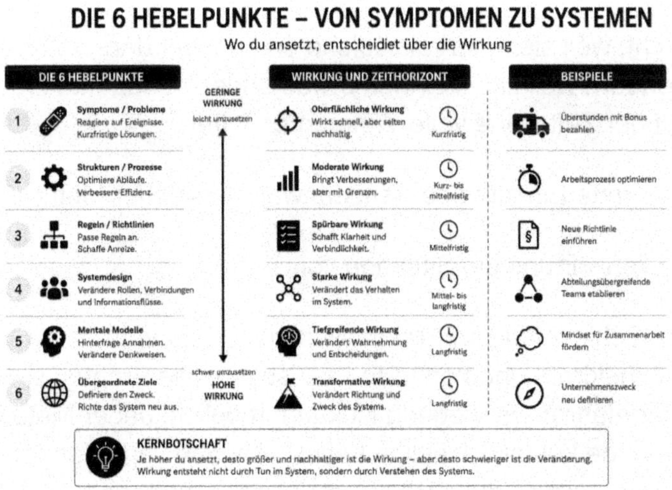

Kapitel 2: Die Lektion aus „Achtung – Panzer!“

Es gibt Momente in der Geschichte, die sich erst im Rückblick als das zeigen, was sie wirklich waren.

Im Augenblick ihres Geschehens wirken sie oft unscheinbar.
Manchmal sogar enttäuschend.
Manchmal werden sie missverstanden oder unterschätzt.

Und doch sind es genau diese Momente, die später als Wendepunkte erscheinen.

Nicht, weil sie sofort als solche erkannt wurden.
Sondern weil sich in ihnen etwas angelegt hat, das erst mit der Zeit seine volle Wirkung entfaltet.

Der erste Einsatz des Panzers war ein solcher Moment.

Stellen wir uns die Situation vor.

Ein Schlachtfeld im Ersten Weltkrieg. Schlamm, Stacheldraht und zerstörte Landschaft. Die Fronten sind festgefahren. Bewegung ist kaum möglich. Jeder Meter Gelände kostet unzählige Leben. Angriffe verlaufen im Nichts, Verteidigung wird zum Standardzustand.

Der Krieg ist nicht mehr Bewegung.

Er ist Zustand.

Alles ist statisch. Alles scheint berechenbar – und gleichzeitig aussichtslos.

In dieser Situation taucht etwas Neues auf.

Langsam. Schwerfällig. Fast unbeholfen bewegt es sich über das Gelände. Es ist laut. Es ist sichtbar. Es ist alles andere als elegant. Und doch ist sofort klar, dass hier etwas anders ist.

Ein Panzer.

Aus heutiger Perspektive erscheint dieser Moment fast selbstverständlich. Wir sehen ihn als Beginn einer neuen Ära. Als den Punkt, an dem sich die Logik des Krieges grundlegend verändert hat. Als eine technische Revolution, die alles danach geprägt hat.

Doch diese Sicht greift zu kurz.

Denn die ersten Panzer waren alles andere als überlegen.

Sie waren technisch unausgereift.
Sie waren anfällig.
Sie blieben stecken, fielen aus, funktionierten oft nicht so, wie man es sich vorgestellt hatte.

In vielen Fällen waren sie eher ein Experiment als eine verlässliche Waffe. Wenn man sie isoliert betrachtet hätte, hätte man zu dem Schluss kommen können:

Interessant – aber nicht entscheidend.

Und genau das ist auch passiert.

Viele Beobachter sahen im Panzer zunächst nichts weiter als eine neue Waffe. Ein weiteres Werkzeug. Eine Ergänzung bestehender Möglichkeiten. Etwas, das man in die vorhandenen Strukturen integrieren konnte.

Kein Bruch.

Kein Paradigmenwechsel.

Nur ein weiteres Element.

Doch genau darin lag das Missverständnis.

Die eigentliche Bedeutung des Panzers lag nicht in seiner Konstruktion.

Nicht in seiner Panzerung.
Nicht in seiner Bewaffnung.
Nicht in seiner Geschwindigkeit.

Sie lag in dem, was er möglich machte.

Der Panzer veränderte nicht einfach nur eine Fähigkeit.

Er veränderte ein Verhältnis.

Das Verhältnis von Bewegung und Stillstand.
Das Verhältnis von Angriff und Verteidigung.
Das Verhältnis von Raum und Kontrolle.

Plötzlich wurde etwas möglich, das zuvor kaum denkbar war: Bewegung unter Schutz.

Das klingt zunächst technisch. Fast wie eine Detailverbesserung. Doch in Wirklichkeit handelt es sich um einen konzeptionellen Bruch. Denn sobald Bewegung wieder möglich wird, verändert sich die gesamte Struktur eines Systems.

Taktik verändert sich.
Strategie verändert sich.
Organisation verändert sich.

Und vor allem: Denken verändert sich. Doch dieser Wandel geschieht nicht automatisch. Er muss erkannt werden. Und genau daran scheitert es oft.

Neue Technologien werden fast immer zuerst in bestehende Denkmuster eingeordnet. Man versucht, sie zu verstehen, indem man sie mit dem vergleicht, was man bereits kennt. Man sucht nach Ähnlichkeiten, nach bekannten Funktionen, nach vertrauten Kategorien.

Man fragt:
Wie passt das in das, was wir schon tun?

Statt zu fragen:
Was verändert sich dadurch grundsätzlich?

Diese zweite Frage ist schwieriger.
Sie verlangt, dass man bestehende Annahmen infrage stellt. Dass man akzeptiert, dass das Neue nicht einfach in das Alte integriert werden kann. Dass man bereit ist, das eigene Verständnis zu verändern.

Beim Panzer dauerte es, bis diese Frage gestellt wurde.

Erst als man aufhörte, ihn isoliert zu betrachten, und begann, ihn als Teil eines größeren Zusammenhangs zu sehen, wurde seine eigentliche Bedeutung sichtbar. Erst als klar wurde, dass es nicht um das Gerät selbst geht, sondern um das Zusammenspiel von Fähigkeiten, begann sich seine Wirkung zu entfalten.

Dieses System bestand nicht nur aus dem Panzer.

Es bestand aus:
Kommunikation
Koordination
Bewegung
Timing

Erst in diesem Zusammenspiel entstand das, was wir heute als moderne Kriegsführung verstehen. Der Panzer allein war nicht entscheidend. Entscheidend war das System, in das er eingebettet wurde. Und genau hier liegt die eigentliche Lektion. Technologie entfaltet ihre Wirkung nicht isoliert. Sie entfaltet ihre Wirkung im Kontext.

Das ist ein Satz, der einfach klingt. Fast zu einfach.

Und genau deshalb wird er so oft unterschätzt.

Denn es ist viel einfacher, ein Gerät zu analysieren, als ein System zu verstehen.

Ein Gerät ist greifbar.

Es hat Eigenschaften.
Es hat Spezifikationen.
Es lässt sich messen, vergleichen, bewerten.

Ein System hingegen ist schwer zu fassen.

Es ist:
dynamisch
vielschichtig
schwer zu greifen

Es verändert sich.
Es reagiert.
Es entwickelt eigene Logiken.

Und genau deshalb wird es oft unterschätzt.

Weil es sich nicht so leicht beschreiben lässt.
Weil es keine klaren Grenzen hat.
Weil es nicht auf einen Punkt reduziert werden kann.

Wenn wir heute über Drohnen sprechen, wiederholt sich dieses Muster.

Wir betrachten sie als Geräte. Wir analysieren ihre Reichweite, ihre Sensorik, ihre Einsatzmöglichkeiten. Wir vergleichen Modelle, diskutieren technische Details, bewerten Leistungsdaten.

All das ist nicht falsch.
Aber es ist nicht ausreichend.

Denn es bleibt an der Oberfläche.
Die entscheidende Frage lautet nicht:

Was kann eine Drohne?

Sondern:

In welchem System wirkt sie?

Und diese Frage ist deutlich schwieriger.

Denn sie zwingt uns, über das Offensichtliche hinauszugehen. Sie zwingt uns, Zusammenhänge zu betrachten, die nicht unmittelbar sichtbar sind. Sie zwingt uns, Prozesse zu verstehen, die sich nicht auf einzelne Komponenten reduzieren lassen.

Eine Drohne ist nicht nur ein fliegendes Gerät.

Sie ist Teil eines Systems, das:
Wahrnehmung erzeugt
Informationen verarbeitet
Entscheidungen beeinflusst

Und genau in diesem System entfaltet sie ihre eigentliche Wirkung.

Das bedeutet auch:

Die Drohne ist keine Revolution.

Sie ist ein Symptom.

Ein sichtbarer Ausdruck einer tieferliegenden Veränderung.

Diese Veränderung betrifft nicht nur militärische Systeme.

Sie betrifft unsere gesamte Gesellschaft.

Denn die Logik, die hier sichtbar wird, ist nicht auf den Krieg beschränkt. Sie findet sich überall dort, wo Daten erfasst, verarbeitet und in Entscheidungen überführt werden. In Wirtschaft, Politik, Verwaltung, Kommunikation.

Das macht die Drohne zu einem besonders geeigneten Beispiel.

Nicht, weil sie einzigartig ist.

Sondern weil sie etwas sichtbar macht, das sonst oft verborgen bleibt.

Sie zeigt uns, wie Systeme funktionieren.
Sie zeigt uns, wie Wahrnehmung sich verändert.
Sie zeigt uns, wie Entscheidung entsteht.

Und genau deshalb lohnt es sich, genauer hinzusehen.

Nicht, um die Drohne selbst zu verstehen.

Sondern um das zu verstehen, wofür sie steht.

Denn die eigentliche Herausforderung liegt nicht darin, neue Technologien zu erkennen.

Die eigentliche Herausforderung liegt darin, ihre Bedeutung zu begreifen.

Und diese Bedeutung entsteht nicht im Gerät.

Sie entsteht im Kontext.

Kapitel 3: Die Drohne als Disruption

Es sind selten die lauten Brüche, die die größten Veränderungen auslösen.

Nicht die Momente, in denen sofort klar ist, dass etwas grundlegend anders wird. Nicht die Ereignisse, die sich als historische Zäsur inszenieren. Nicht die Innovationen, die auf den ersten Blick revolutionär erscheinen und genau deshalb sofort als solche erkannt werden.

Oft sind es die leisen Verschiebungen.

Die Dinge, die zunächst harmlos wirken.
Die kaum Aufmerksamkeit erzeugen.
Die sich scheinbar mühelos in bestehende Strukturen einfügen.

Und gerade deshalb unterschätzt werden. Denn was sich nicht aufdrängt, wird selten hinterfragt. Was sich einfügt, wirkt ungefährlich. Und was ungefährlich wirkt, verändert oft am meisten. Disruption beginnt selten mit Widerstand. Sie beginnt mit Anpassung.

Stellen wir uns eine einfache Situation vor.

Ein kleines Gerät wird aus einem Rucksack genommen. Leicht, kompakt, unscheinbar. Kein komplexes System, keine sichtbare Infrastruktur, keine technische Dominanz, die Respekt einfordert. Es wirkt vertraut. Handlich. Fast banal.

Etwas, das man benutzt – nicht etwas, das man fürchten muss.

Es wird eingeschaltet, kurz kalibriert – und dann steigt es auf.

Innerhalb weniger Sekunden befindet es sich in der Luft.

Es gewinnt an Höhe. Die Perspektive verändert sich. Was zuvor verborgen war, wird sichtbar. Strukturen treten hervor, die vom Boden aus nicht erkennbar waren. Bewegungen lassen sich verfolgen. Zusammenhänge beginnen sich abzuzeichnen.

Der Raum verändert sich.

Nicht physisch.

Aber in seiner Lesbarkeit.

Was vorher unklar war, wird greifbar.

Auf den ersten Blick wirkt das wie eine technische Verbesserung.

Eine neue Möglichkeit.
Eine Erweiterung bestehender Fähigkeiten.
Ein zusätzlicher Blickwinkel.

Doch genau hier beginnt die eigentliche Verschiebung.

Denn das Entscheidende ist nicht, dass man jetzt besser sehen kann.

Das Entscheidende ist, dass sich der Zugang zu dieser Fähigkeit verändert hat.

Und genau darin liegt die Disruption.

Was früher aufwendig war, wird einfach.
Was früher exklusiv war, wird verfügbar.
Was früher strukturell gebunden war, wird flexibel.

Das ist keine bloße Verbesserung.

Das ist eine Verschiebung der Bedingungen.

Disruption entsteht nicht dadurch, dass etwas völlig Neues entsteht.

Sondern dadurch, dass sich die Rahmenbedingungen verändern, unter denen etwas genutzt werden kann.

Eine Fähigkeit bleibt im Kern gleich.

Aber ihr Kontext verändert sich.

Und genau dadurch verändert sich ihre Wirkung.

Drohnen sind in diesem Sinne nicht einfach nur neue Werkzeuge.

Sie sind ein Beispiel dafür, wie Zugang neu organisiert wird.

Luftaufklärung war früher ein Privileg.

Sie erforderte:
aufwendige Technik
große Organisationen
erhebliche Ressourcen

Sie war eingebettet in komplexe Strukturen. Sie war teuer, schwer zugänglich und an Institutionen gebunden. Wer sie nutzen wollte, brauchte Infrastruktur, Ausbildung und strategische Einbettung.

Heute reicht in vielen Fällen ein einzelnes Gerät.

Ein Gerät, das transportabel ist.
Ein Gerät, das schnell einsatzbereit ist.
Ein Gerät, das ohne große Vorbereitung genutzt werden kann.

Das verändert nicht die Fähigkeit an sich. Aber es verändert, wer sie nutzen kann.

Und wann. Und wie.

Das bedeutet nicht, dass alle Akteure plötzlich gleich werden. Das wäre eine naive Annahme.

Aber es bedeutet, dass sich die Struktur von Ungleichheit verändert.

Früher beruhte Überlegenheit vor allem auf:
Größe, Masse und industrieller Kapazität

Wer mehr hatte, konnte mehr tun. Wer größer war, war überlegen.

Doch diese Logik beginnt zu bröckeln. Heute verschiebt sich der Fokus. Überlegenheit entsteht zunehmend durch: Geschwindigkeit, Anpassungsfähigkeit und Nutzung von Systemen

Es geht nicht mehr primär darum, Ressourcen zu besitzen. Sondern darum, sie intelligent einzusetzen.

Schnell. Flexibel. Kontextbezogen.

Drohnen wirken in diesem Zusammenhang wie ein Katalysator.

Sie beschleunigen Prozesse.
Sie verkürzen Reaktionszeiten.
Sie erweitern Wahrnehmung.

Und sie tun das in einer Weise, die strukturelle Veränderungen verstärkt. Doch ihre eigentliche Wirkung liegt nicht in dieser Erweiterung. Sie liegt in der Veränderung der Logik. Um das zu verstehen, müssen wir einen Schritt zurückgehen. Die Handlung war lange Zeit an Präsenz gebunden. Man musste vor Ort sein, um etwas zu tun. Wahrnehmung war direkt. Die Entscheidung war lokal.

Es gab eine klare Verbindung zwischen Sehen, Verstehen und Handeln. Diese Verbindung beginnt sich aufzulösen. Mit Drohnen wird es möglich, zu sehen, ohne da zu sein. Zu beobachten, ohne wahrgenommen zu werden.

Zu handeln, ohne physisch einzugreifen. Das ist mehr als eine technische Fähigkeit. Es ist eine strukturelle Verschiebung. Handlung wird entkoppelt.

Von Ort.
Von Körper.
Von unmittelbarer Erfahrung.

Das klingt abstrakt. Doch die Konsequenzen sind tiefgreifend. Wenn Handlung nicht mehr an Ort und Körper gebunden ist, dann verändert sich die Verantwortung.

Sie wird diffuser.
Schwerer zu greifen.
Schwerer zuzuordnen.

Wenn Wahrnehmung vermittelt ist, dann verändert sich Vertrauen. Denn wir sehen nicht mehr selbst. Wir sehen, was Systeme uns zeigen. Wenn eine Entscheidung ein Prozess ist, dann verändert sich die Kontrolle. Sie wird verteilt. Situativ. Und abhängig von Faktoren, die nicht vollständig sichtbar sind. Diese Veränderungen geschehen nicht plötzlich. Sie entwickeln sich schrittweise. Und genau deshalb sind sie so schwer zu erkennen. Wir erleben keine klare Zäsur.

Keinen Moment, in dem alles kippt.

Stattdessen verschieben sich die Grundlagen langsam. Unmerklich. Aber kontinuierlich. Drohnen sind ein sichtbarer Teil dieser Entwicklung. Aber sie sind nicht die Ursache. Sie sind ein Symptom. Ein Symptom dafür, dass sich unsere Systeme verändern. Dass sich unsere Wahrnehmung verändert. Dass sich unsere Art zu handeln verändert. Und genau deshalb ist es so wichtig, sie nicht isoliert zu betrachten. Wer Drohnen nur als Geräte versteht, wird ihre Bedeutung unterschätzen. Denn er bleibt auf der Oberfläche. Wer sie als Teil eines Systems betrachtet, beginnt zu erkennen, was sich wirklich verändert. Diese Veränderung lässt sich nicht auf Technik reduzieren.Sie betrifft Strukturen.

Strukturen der Wahrnehmung.
Strukturen der Entscheidung.
Strukturen der Macht.

Und genau hier wird die Disruption sichtbar. Denn Disruption bedeutet nicht nur, dass etwas effizienter wird. Disruption bedeutet, dass bestehende Strukturen ihre Gültigkeit verlieren. Dass Regeln, die lange funktioniert haben, plötzlich nicht mehr greifen. Dass Stabilität sich als temporär herausstellt. Dass Gewissheiten brüchig werden. Das ist ein langsamer Prozess. Und gleichzeitig ein radikaler. Langsam, weil er sich schrittweise vollzieht. Radikal, weil er die Grundlagen verändert. Drohnen stehen genau an diesem Punkt. Sie sind nicht das Ende einer Entwicklung. Sie sind der Anfang eines Verständnisses. Ein Verständnis dafür, dass Technologie nicht nur Werkzeuge hervorbringt. Sondern Systeme.

Und dass diese Systeme eine eigene Logik entwickeln. Eine Logik, die sich nicht mehr vollständig in alten Kategorien beschreiben lässt. Eine Logik, die wir erst beginnen zu verstehen.

Vielleicht liegt genau darin die größte Herausforderung. Nicht darin, mit der Technologie Schritt zu halten. Sondern darin, zu begreifen, was sie mit unseren bestehenden Vorstellungen macht. Denn solange wir glauben, dass sich nur die Werkzeuge verändern, übersehen wir das Entscheidende.

Dass sich die Regeln verändern.

Kapitel 4: Vom Gerät zum System

Es gibt einen Moment, in dem sich der Blick verändert.

Kein klarer Einschnitt.
Kein plötzliches Verstehen.
Kein „Jetzt habe ich es begriffen".

Eher ein langsames Verschieben der Perspektive.

Ein Moment, in dem man aufhört, einzelne Dinge isoliert zu betrachten – und beginnt, Zusammenhänge zu erkennen. Ein Moment, in dem das Offensichtliche an Bedeutung verliert und das Verborgene in den Vordergrund tritt. Dieser Moment ist unscheinbar.

Er fühlt sich nicht wie ein Durchbruch an. Nicht wie ein Erkenntnissprung. Sondern eher wie ein leises Umdenken. Doch wenn er einmal passiert ist, verändert sich alles. Denn man kann nicht mehr zurück zu der alten Sichtweise. Stellen wir uns eine einfache Situation vor. Eine Drohne nimmt ein Bild auf. Ein kurzer Moment. Ein Ausschnitt der Realität. Vielleicht unscharf. Vielleicht gestochen scharf. Vielleicht eindeutig. Vielleicht mehrdeutig. Ein Standbild aus einem kontinuierlichen Geschehen. Ein Fragment, das für sich genommen wenig sagt. Für sich genommen ist dieses Bild nicht besonders. Es zeigt etwas. Aber es erklärt nichts. Es gibt keine Bedeutung vor. Es liefert keine Entscheidung.

Erst in dem Moment, in dem dieses Bild in ein System eingespeist wird, beginnt sich seine Rolle zu verändern.

Es wird übertragen.
Es wird gespeichert.
Es wird analysiert.
Es wird mit anderen Daten abgeglichen.
Es verschwindet nicht.
Es wird eingebettet.

Und genau dadurch verändert sich seine Bedeutung. Plötzlich ist es nicht mehr nur ein Bild. Es ist ein Bestandteil eines Prozesses. Ein Baustein in einer Kette. Ein Element in einem Zusammenhang. Das ist der Punkt, an dem sich etwas Grundlegendes verändert. Nicht im Bild selbst. Sondern in dem, was mit ihm geschieht. Eine Drohne ist in diesem Sinne zunächst nichts weiter als ein Sensor. Sie erfasst Daten. Mehr nicht.

Doch genau darin liegt der Trugschluss.

Denn wenn wir sagen „sie erfasst Daten", klingt das nach einem abgeschlossenen Vorgang. Nach einem klar definierten Anfang und einem ebenso klaren Ende. Als ob der entscheidende Teil bereits passiert wäre.

In Wirklichkeit ist es der Anfang. Daten sind kein Ergebnis. Sie sind Rohmaterial. Und dieses Rohmaterial beginnt erst dann zu wirken, wenn es verarbeitet wird. Hier setzt ein Prozess ein, der oft unsichtbar bleibt. Ein Prozess, der nicht laut ist. Nicht spektakulär. Nicht unmittelbar erfahrbar. Und gerade deshalb unterschätzt wird.

Denn wir orientieren uns an dem, was wir sehen. Nicht an dem, was im Hintergrund geschieht.

Daten werden sortiert.
Sie werden gefiltert.
Sie werden gewichtet.
Sie werden miteinander verknüpft.

Ein einzelnes Bild wird ergänzt durch:
weitere Bilder
Bewegungsdaten
historische Informationen
kontextuelle Hinweise

Was vorher isoliert war, wird verbunden. Was vorher fragmentarisch war, wird eingeordnet. Und aus dieser Verknüpfung entsteht etwas Neues. Nicht einfach mehr Information. Sondern Bedeutung. Und genau hier beginnt die eigentliche Verschiebung. Denn Bedeutung ist nicht in den Daten enthalten. Sie entsteht. Sie wird erzeugt. Sie ist das Ergebnis eines Prozesses. Und genau in diesem Prozess liegt die eigentliche Wirkung. Denn in dem Moment, in dem Bedeutung entsteht, verändert sich die Grundlage jeder Entscheidung. Eine Entscheidung basiert nicht mehr auf unmittelbarer Wahrnehmung. Sondern auf Interpretation. Auf Einordnung. Auf Bewertung. Diese Interpretation ist nicht falsch. Aber sie ist auch nicht neutral. Sie ist geprägt. Durch die Struktur des Systems. Durch die Logik der Verarbeitung. Durch die Auswahl der Daten. Sie ist das Ergebnis eines Prozesses. Und jeder Prozess folgt Regeln. Diese Regeln sind nicht immer sichtbar. Oft sind sie implizit. Oft sind sie eingebettet.

Aber sie existieren.

Sie bestimmen:
welche Daten berücksichtigt werden
welche ignoriert werden
welche als relevant gelten
welche als unwichtig

Und genau dadurch entsteht eine Struktur. Diese Struktur ist das, was wir als System bezeichnen. Ein System ist mehr als die Summe seiner Teile. Das ist ein Satz, den man oft hört. Und der oft unterschätzt wird. Denn er bedeutet nicht nur, dass viele Komponenten zusammenarbeiten. Er bedeutet, dass aus ihrem Zusammenspiel etwas entsteht, das sich nicht auf einzelne Teile zurückführen lässt.

Ein System hat Eigenschaften, die kein einzelnes Element besitzt.
Eine Drohne allein kann beobachten.
Ein System kann verstehen.
Das ist der Unterschied.
Und dieser Unterschied ist entscheidend.
Denn er verschiebt den Fokus.
Weg vom Gerät.
Hin zum Zusammenhang.
Das Gerät bleibt sichtbar.
Es ist konkret.
Es ist greifbar.
Es lässt sich beschreiben.
Das System bleibt oft unsichtbar.

Es ist verteilt.
Es ist dynamisch.
Es ist schwer zu fassen.

Und genau deshalb richtet sich unsere Aufmerksamkeit häufig auf das Falsche. Wir sehen die Drohne. Wir sprechen über ihre Reichweite, ihre Geschwindigkeit, ihre Ausstattung. Wir vergleichen Modelle, bewerten Leistungsdaten, diskutieren technische Details. All das ist nicht falsch. Aber es ist nicht ausreichend. Denn es beschreibt nur die Oberfläche. Die eigentliche Wirkung entsteht darunter. Im Zusammenspiel. Dieses Zusammenspiel lässt sich nicht auf einen einzelnen Punkt reduzieren.Es verteilt sich.

Über Prozesse.
Über Ebenen.
Über Zeit.

Daten werden erfasst.
Daten werden verarbeitet.
Informationen entstehen.
Entscheidungen werden vorbereitet.
Handlungen folgen.

Und all das geschieht nicht linear. Es gibt keine klare Reihenfolge. Keine einfache Ursache-Wirkung-Kette. Stattdessen gibt es:

Wechselwirkungen.
Rückkopplungen.
Abhängigkeiten.

Ein Prozess beeinflusst den nächsten. Und wird gleichzeitig von ihm beeinflusst. Das ist schwer zu greifen. Und genau deshalb wird es oft vereinfacht.

Doch diese Vereinfachung hat ihren Preis.

Denn wer Systeme vereinfacht, versteht ihre Grenzen nicht. Und wer ihre Grenzen nicht versteht, überschätzt seine Kontrolle. Hier liegt eine der zentralen Illusionen moderner Technologie. Die Vorstellung, dass mehr Daten automatisch zu besseren Entscheidungen führen. Das klingt logisch.Mehr Information sollte mehr Klarheit bringen. Doch in komplexen Systemen ist das nicht zwingend der Fall.

Mehr Daten können auch bedeuten:
mehr Widersprüche
mehr Unsicherheit
mehr Interpretationsspielraum

Und damit entsteht eine neue Herausforderung. Nicht die Frage, ob genug Informationen vorhanden sind. Sondern:

welche Informationen wie interpretiert werden.

Das ist eine andere Form von Komplexität. Eine, die nicht durch Technik allein gelöst werden kann. Denn Technik kann Daten liefern.Aber sie kann die Bedeutung nicht vollständig festlegen.

Bedeutung entsteht im Zusammenspiel von:
Daten

System
Kontext

Und genau dieser Kontext ist entscheidend. Ein Bild hat keine feste Bedeutung. Es bekommt seine Bedeutung durch den Zusammenhang, in dem es interpretiert wird. Ein und dieselbe Information kann in unterschiedlichen Kontexten zu völlig unterschiedlichen Entscheidungen führen.

Das ist kein Fehler. Das ist eine Eigenschaft.

Und genau deshalb ist es so wichtig, den Blick zu verändern.Nicht mehr nur auf das Gerät zu schauen. Sondern auf das System. Nicht mehr nur auf die Funktion zu achten. Sondern auf die Wirkung. Diese Verschiebung ist nicht trivial.

Sie verlangt ein Umdenken.

Denn sie bedeutet, dass wir akzeptieren müssen:

dass wir nicht alles direkt sehen können
dass wir uns mit Prozessen beschäftigen müssen
dass wir Zusammenhänge denken müssen

Das ist anstrengend.

Und genau deshalb wird es oft vermieden.

Doch es ist notwendig.

Denn nur wenn wir Systeme verstehen, können wir beginnen, ihre Wirkung zu begreifen.

Und nur wenn wir ihre Wirkung begreifen, können wir sinnvoll mit ihnen umgehen. Die Drohne ist dabei nicht das Problem. Sie ist der Einstieg. Ein sichtbarer Punkt in einem unsichtbaren Geflecht. Und genau deshalb lohnt es sich, hier genauer hinzusehen. Nicht, um das Gerät zu verstehen. Sondern um das System zu erkennen, das dahinter steht.

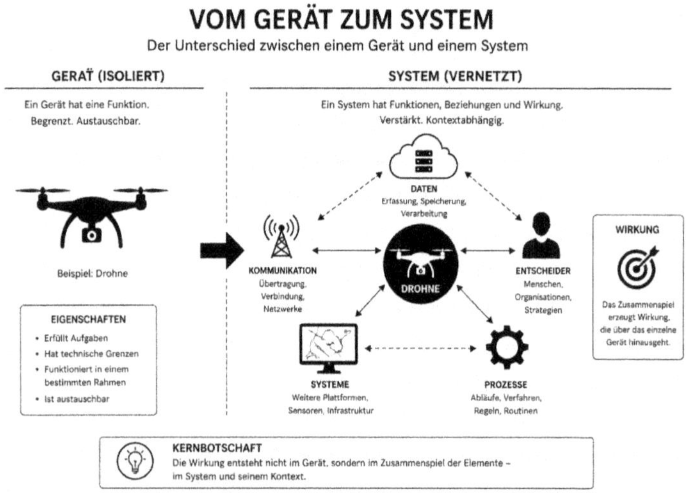

Kapitel 5: Asymmetrie, Verwundbarkeit und die stille Erosion von Kontrolle

Es gibt eine Annahme, die auf den ersten Blick vollkommen logisch erscheint. Wer über die bessere Technologie verfügt, hat die Kontrolle.

Sie ist intuitiv. Sie ist nachvollziehbar. Und sie hat lange Zeit funktioniert.

Wer mehr Daten hat, versteht mehr. Wer mehr versteht, trifft bessere Entscheidungen. Und wer bessere Entscheidungen trifft, setzt sich durch. Diese Logik ist tief in unserem Denken verankert. Und sie ist nicht falsch. Aber sie ist unvollständig. Denn sie blendet etwas aus, das in modernen Systemen entscheidend ist: Jede Form von Stärke erzeugt gleichzeitig eine Form von Verwundbarkeit. Das ist kein Widerspruch. Es ist eine Konsequenz. Stellen wir uns wieder eine Situation vor.

Ein System läuft stabil.

Daten fließen kontinuierlich.
Informationen werden verarbeitet.
Entscheidungen werden vorbereitet.

Alles wirkt geordnet.
Strukturiert.
Kontrolliert.

Es gibt keine offensichtlichen Fehler. Keine sichtbaren Störungen. Kein Anlass, das System infrage zu stellen. Im Gegenteil: Gerade weil alles funktioniert, entsteht Vertrauen. Und genau das ist der Moment, in dem man vorsichtig werden sollte. Denn Systeme zeigen ihre Schwächen selten unter Idealbedingungen.

Sie zeigen sie unter Belastung. Unter Druck. Unter Abweichung.

Dieser Druck muss nicht groß sein. Er muss nicht gezielt sein. Er muss nicht einmal als Angriff erkennbar sein. Oft reicht es, wenn kleine Störungen auftreten.

Ein Signal verzögert sich.
Eine Verbindung ist instabil.
Ein Datensatz ist unvollständig.

Für sich genommen sind das keine dramatischen Ereignisse. Sie führen nicht sofort zu einem Ausfall. Das System funktioniert weiter. Und genau darin liegt die Gefahr. Denn das System bricht nicht. Es verändert sich. Die Qualität der Entscheidungen nimmt ab. Die Sicherheit der Interpretation sinkt. Die Klarheit der Wahrnehmung wird unschärfer. Nicht plötzlich. Sondern schrittweise. Fast unmerklich. Und genau das ist der entscheidende Punkt.

Moderne Systeme brechen selten spektakulär zusammen. Sie verlieren langsam ihre Leistungsfähigkeit.

Kontrolle verschwindet nicht – sie erodiert.

Diese Erosion ist leise. Sie macht keine Schlagzeilen. Sie erzeugt keine klaren Ereignisse. Sie ist schwer zu messen. Und gerade deshalb ist sie so gefährlich. Denn sie entzieht sich unserer Wahrnehmung. Wir sehen keine Krise. Wir sehen nur kleine Abweichungen. Kleine Ungenauigkeiten. Kleine Verzögerungen. Doch genau diese kleinen Verschiebungen summieren sich.

Und verändern das System von innen heraus. Um zu verstehen, warum das so ist, müssen wir uns mit einem Begriff beschäftigen, der oft zu einfach gedacht wird:

Asymmetrie.

Asymmetrie wird häufig mit Ungleichheit gleichgesetzt. Mit einem Unterschied in Stärke.

In Ressourcen.
In Möglichkeiten.

Doch moderne Asymmetrie funktioniert anders. Sie entsteht nicht nur durch Überlegenheit. Sondern durch Unterschiedlichkeit. Unterschiedliche Systeme reagieren unterschiedlich auf Belastung. Ein einfaches System ist oft robuster. Es kann weniger. Aber es ist stabiler. Weniger anfällig. Weniger komplex.

Ein komplexes System kann mehr.

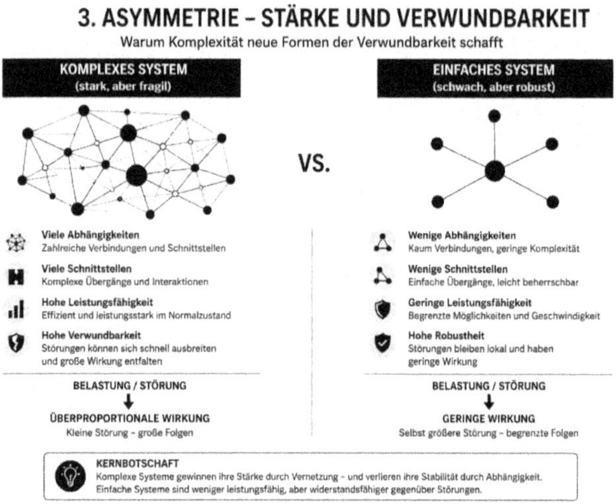

Es ist leistungsfähiger. Flexibler. Präziser.

Aber es ist auch empfindlicher. Nicht trotz seiner Komplexität. Sondern wegen ihr. Das bedeutet:

Komplexität erzeugt nicht nur Stärke.
Sie erzeugt gleichzeitig Verwundbarkeit.

Je mehr Komponenten ein System hat, desto mehr Abhängigkeiten entstehen. Und jede Abhängigkeit ist eine potenzielle Schwachstelle. Nicht, weil sie fehlerhaft ist. Sondern weil sie verbunden ist. Weil sie Teil eines größeren Zusammenhangs ist. Und genau diese Zusammenhänge sind anfällig für Störungen. Diese Verwundbarkeit ist nicht offensichtlich.

Sie zeigt sich nicht im Idealzustand.
Sie zeigt sich nicht in der Planung.
Sie zeigt sich im Betrieb.

Unter Belastung.

Und diese Belastung muss nicht gezielt sein. Oft entsteht sie durch Masse. Viele kleine Eingriffe können ein komplexes System stärker belasten als ein einzelner großer. Das widerspricht unserer Intuition. Wir denken in Kategorien von Angriff und Verteidigung. Von Stärke und Schwäche. Von Überlegenheit und Unterlegenheit.

Doch moderne Systeme funktionieren nicht mehr nach diesen einfachen Mustern.

Ein scheinbar schwacher Akteur kann ein starkes System unter Druck setzen. Nicht durch direkte Überlegenheit. Sondern durch permanente Beanspruchung. Durch Wiederholung. Durch Kontinuität.

Das führt zu einem grundlegenden Perspektivwechsel. Wirkung entsteht nicht nur durch Kraft. Sondern durch das Verhältnis von Belastung und Stabilität.

Ein System, das ständig reagieren muss, verliert Effizienz.

Nicht, weil es zerstört wird. Sondern weil es gebunden ist. Reaktion kostet:

Zeit
Ressourcen
Sicherheit

Und genau dadurch entsteht Verwundbarkeit. Nicht als klarer Bruch.Sondern als schleichender Prozess. Diese

Dynamik hat eine weitere Konsequenz. Sie verändert die Art, wie Konflikte verlaufen. Früher waren Konflikte oft klar strukturiert. Es gab einen Anfang. Eine Eskalation. Ein Ende. Heute verschwimmen diese Grenzen.

Konflikte werden:
verteilt
kontinuierlich
schwer zuzuordnen

Sie finden nicht mehr an einem Ort statt. Nicht zu einem Zeitpunkt. Nicht zwischen klar definierten Akteuren. Stattdessen entsteht ein Zustand. Ein Zustand permanenter Spannung. Ein Zustand, in dem Systeme ständig unter Beobachtung stehen. Ständig reagieren müssen. Ständig angepasst werden. Das verändert nicht nur die Dynamik von Konflikten. Es verändert auch unsere Wahrnehmung. Denn wir sind darauf ausgelegt, Ereignisse zu erkennen.

Anfänge.
Enden.
Wendepunkte.

Doch moderne Systeme liefern uns diese Klarheit nicht mehr. Sie erzeugen Prozesse. Und Prozesse sind schwerer zu greifen.Sie haben keine klaren Grenzen. Keine eindeutigen Übergänge. Keine offensichtlichen Brüche. Das führt zu einem weiteren Problem.Wenn wir nicht erkennen, dass ein System unter Druck steht, reagieren wir zu spät. Wir sehen die Symptome. Aber nicht die Struktur. Wir sehen, dass Entscheidungen unsicherer werden. Dass Prozesse länger dauern. Dass

Ergebnisse unklarer sind. Aber wir interpretieren das als Ausnahme. Nicht als Zustand. Und genau darin liegt die Gefahr. Denn wenn wir die Erosion nicht erkennen, können wir ihr nicht begegnen. Und wenn wir ihr nicht begegnen, verstärkt sie sich. Das bedeutet nicht, dass moderne Systeme instabil sind. Im Gegenteil. Sie sind oft erstaunlich widerstandsfähig. Aber ihre Widerstandsfähigkeit funktioniert anders. Sie basiert nicht auf Stabilität im klassischen Sinne. Sondern auf Anpassung.

Und genau hier liegt der entscheidende Punkt.

Nicht die Frage: Wie verhindern wir jede Störung? Sondern: Wie gehen wir mit Störungen um? Diese Verschiebung ist zentral. Denn sie verändert unser Verständnis von Kontrolle. Kontrolle bedeutet nicht mehr, alles im Griff zu haben. Kontrolle bedeutet, mit Unsicherheit umgehen zu können.

Schnell zu reagieren.
Richtig einzuordnen.
Und sich anzupassen.

Das führt zu einem neuen Verständnis von Stabilität. Stabilität bedeutet nicht mehr, dass alles gleich bleibt. Stabilität bedeutet, dass ein System sich verändern kann, ohne zu versagen. Dass es sich anpasst, ohne seine Funktion zu verlieren. Das ist anspruchsvoller. Aber realistischer. Denn in einer Welt komplexer Systeme ist Veränderung keine Ausnahme. Sie ist der Normalzustand. Und genau deshalb müssen wir Verwundbarkeit neu denken. Nicht als Schwäche.

Sondern als Eigenschaft. Eine Eigenschaft, die verstanden werden muss. Denn nur dann können wir sinnvoll mit ihr umgehen.

Kapitel 6: Das KDW-Modell – Wirkung entsteht im Kontext

Es gibt einen Punkt, an dem die Beobachtung nicht mehr ausreicht.

Man kann sehen, was passiert.
Man kann beschreiben, was geschieht.
Man kann Abläufe nachvollziehen und Ergebnisse analysieren.

Und trotzdem bleibt etwas unklar. Ein Zusammenhang.

Denn das Entscheidende liegt nicht im einzelnen Ereignis. Nicht im einzelnen Gerät. Nicht einmal in der einzelnen Entscheidung. Es entsteht dazwischen. In den Verbindungen. In den Übergängen. In den Prozessen, die selten sichtbar sind, aber alles bestimmen. Stellen wir uns wieder eine Situation vor.

Eine Drohne fliegt über ein Gebiet. Sie erfasst ein Bild. Auf diesem Bild ist Bewegung zu erkennen. Nichts Spektakuläres. Vielleicht ein Fahrzeug. Vielleicht eine Gruppe von Menschen. Vielleicht etwas, das sich nicht sofort einordnen lässt.

Ein Moment. Ein Ausschnitt. Ein Fragment. Dieses Bild wird übertragen.

Es verlässt den Ort seiner Entstehung. Es wird Teil eines Systems. Und genau hier beginnt eine Kette von Prozessen. Das Bild wird analysiert. Es wird mit anderen Daten abgeglichen. Es wird bewertet. Es wird eingeordnet. Es wird nicht nur betrachtet. Es wird verarbeitet. Vielleicht entsteht daraus eine Handlung. Vielleicht auch nicht. Doch die eigentliche Wirkung dieses Moments zeigt sich nicht in dem, was unmittelbar folgt. Sie zeigt sich später. Sie zeigt sich in der Art, wie dieses Ereignis verstanden wird. Und genau hier liegt der entscheidende Punkt. Technologie wird oft anhand ihrer direkten Ergebnisse bewertet.

Was ist passiert?
Wie präzise war die Information?
Welche Handlung wurde ausgelöst?

Diese Fragen sind notwendig.

Aber sie greifen zu kurz. Denn sie konzentrieren sich auf das Sichtbare. Auf das Unmittelbare. Auf das, was sich messen lässt. Die eigentliche Wirkung entsteht jedoch oft außerhalb dieses direkten Zusammenhangs.

Ein Ereignis wird interpretiert. Es wird eingeordnet. Es wird Teil eines größeren Narrativs. Und genau dort verändert es seine Bedeutung.

Ein einzelnes Bild ist nicht entscheidend. Ein einzelner Vorgang ist nicht entscheidend. Entscheidend ist der Kontext, in dem sie stehen. Und genau an diesem Punkt setzt das KDW-Modell an.

Es ist kein technisches Modell.
Es ist kein mathematisches System.
Es ist ein Denkwerkzeug.
Ein Werkzeug, das hilft, Wirkung zu verstehen.
Nicht durch Vereinfachung.
Sondern durch Struktur.

Die fünf Ebenen der Wirkung

Um zu verstehen, wie Wirkung entsteht, müssen wir verschiedene Ebenen unterscheiden. Diese Ebenen existieren gleichzeitig. Sie greifen ineinander. Und sie beeinflussen sich gegenseitig. Keine dieser Ebenen ist für sich allein entscheidend. Erst ihr Zusammenspiel erzeugt das, was wir als Wirkung wahrnehmen.

1. Die physische Ebene

Dies ist die Ebene, die wir unmittelbar sehen können.

Das Gerät.
Die Drohne.
Die Sensorik.

Hier ist alles greifbar. Messbar. Vergleichbar.

Man kann Reichweiten bestimmen. Geschwindigkeiten messen. Leistungsdaten analysieren. Und genau deshalb konzentriert sich ein Großteil der Diskussion auf diese Ebene. Denn sie ist zugänglich. Sie vermittelt das Gefühl von Kontrolle. Doch sie ist die begrenzteste Ebene.Denn sie beschreibt nur das, was sichtbar ist.

Nicht das, was wirkt.

2. Die Datenebene

Sobald die Drohne aktiv wird, beginnt sie, Daten zu erzeugen.

Bilder. Signale. Bewegungsmuster. Diese Daten erweitern unsere Wahrnehmung. Sie zeigen uns Dinge, die wir sonst nicht sehen könnten. Sie vergrößern unseren Blick. Aber sie ersetzen ihn nicht. Denn sie sind nicht die Realität. Sie sind eine Repräsentation.

Eine Auswahl.
Eine Perspektive.
Ein Ausschnitt.

Und genau deshalb sind sie nicht neutral. Was erfasst wird, hängt davon ab, wie das System gestaltet ist. Welche Sensoren verwendet werden. Welche Parameter gesetzt sind. Was nicht erfasst wird, bleibt unsichtbar. Und genau darin liegt eine zentrale Herausforderung. Denn wir neigen dazu, Daten mit Wahrheit gleichzusetzen. Doch Daten sind keine Wahrheit. Sie sind ein Ausgangspunkt.

3. Die Verarbeitungsebene

Hier geschieht der eigentliche Übergang. Die Daten werden interpretiert. Algorithmen erkennen Muster. Systeme strukturieren Informationen. Relevanz wird zugewiesen. Aus Daten wird Information. Und aus Information entsteht Bedeutung. Doch dieser Prozess ist nicht objektiv. Er ist strukturiert. Er folgt Regeln.

Diese Regeln sind:
technisch definiert
systemisch eingebettet
kontextabhängig

Das bedeutet:

Die gleiche Datenbasis kann zu unterschiedlichen Ergebnissen führen. Nicht, weil das System „falsch“ ist. Sondern weil Interpretation immer ein Prozess ist. Ein Prozess, der Entscheidungen vorbereitet – lange bevor ein Mensch eingreift.

4. Die Systemebene

Hier wird aus Interpretation Handlung. Informationen werden zusammengeführt. Optionen werden generiert. Entscheidungen werden vorbereitet. Das System reagiert nicht auf einzelne Daten. Es reagiert auf Muster. Auf Zusammenhänge. Auf Entwicklungen. Und genau dadurch verändert sich die Struktur von Entscheidung.

Es gibt keinen klaren Punkt mehr, an dem man sagen kann: „Hier entsteht die Entscheidung.“ Die Entscheidung entsteht im System. Sie ist das Ergebnis eines Prozesses. Und genau deshalb ist sie schwer zuzuordnen. Sie ist nicht das Produkt eines Moments.

Sondern eines Zusammenhangs.

5. Die gesellschaftliche Ebene

Hier entfaltet sich die eigentliche Wirkung. Das Geschehen wird interpretiert. Nicht technisch. Nicht systemisch. Sondern gesellschaftlich.

Medien berichten.
Politik reagiert.
Öffentlichkeit bewertet.

Ein Ereignis bekommt Bedeutung. Und diese Bedeutung ist oft entscheidender als das Ereignis selbst. Denn sie beeinflusst:

Wahrnehmung
Entscheidungen
zukünftige Handlungen

Hier entsteht Wirkung im eigentlichen Sinne. Hier entscheidet sich, was ein Ereignis bedeutet. Nicht was es war.

Die zentrale Erkenntnis

Wenn man diese Ebenen zusammen denkt, entsteht ein klares Bild. Ein Ereignis ist nicht nur das, was passiert.

Ein Ereignis ist das, was verstanden wird. Und dieses Verständnis entsteht nicht auf der physischen Ebene. Nicht in den Daten. Nicht im System allein. Es entsteht auf der gesellschaftlichen Ebene.

Die strategische Wirkung moderner Drohnensysteme entsteht erst vollständig auf der gesellschaftlichen Ebene.

Das ist der Kern des KDW-Modells. Und dieser Gedanke verändert die Perspektive grundlegend. Denn er bedeutet:

Technologie allein erzeugt keine Wirkung. Wirkung entsteht durch Interpretation. Durch Einordnung. Durch Kontext.

Warum dieses Modell notwendig ist

Ohne ein solches Modell bleibt unser Verständnis fragmentiert. Wir sehen einzelne Teile. Aber wir erkennen nicht den Zusammenhang. Wir analysieren Geräte. Aber wir verstehen keine Systeme. Wir bewerten Ereignisse. Aber wir begreifen nicht ihre Wirkung. Das KDW-Modell bietet eine Struktur. Keine einfache Antwort. Keine endgültige Erklärung. Aber eine Orientierung. Es zwingt uns, über Ebenen hinweg zu denken. Zusammenhänge zu erkennen.

Und es konfrontiert uns mit einer unbequemen Erkenntnis:

Wir haben es nicht mit isolierten Phänomenen zu tun. Sondern mit vernetzten Prozessen.

Prozessen, die sich unserer direkten Kontrolle entziehen. Und genau deshalb müssen wir lernen, sie zu verstehen. Nicht vollständig. Aber ausreichend. Denn nur dann können wir beginnen, bewusst mit ihnen umzugehen.

DAS KDW-MODELL

WIRKUNG ENTSTEHT IM KONTEXT

Fünf Ebenen – vom Gerät bis zur gesellschaftlichen Wirkung

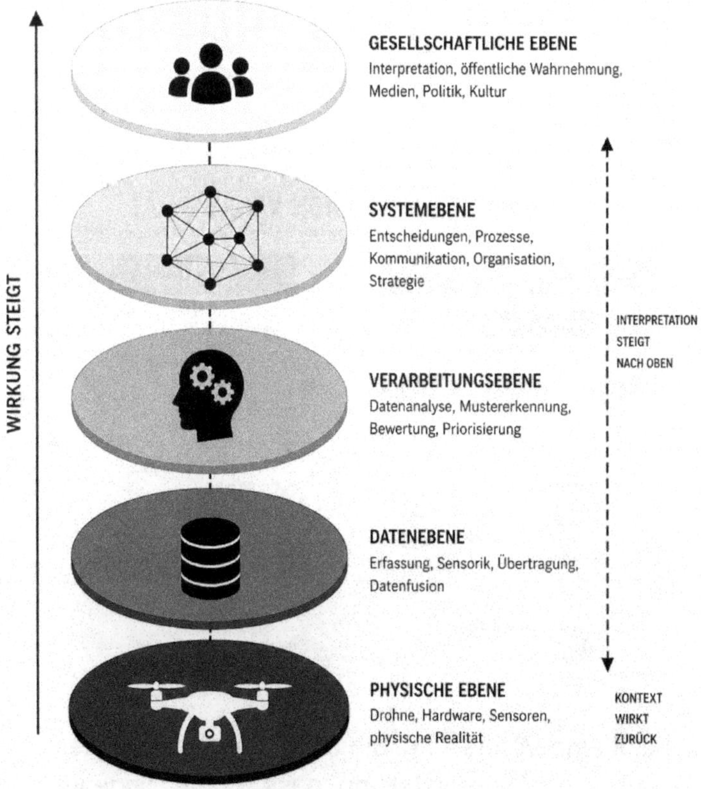

> Die Wirkung technologischer Systeme entsteht nicht im Gerät selbst, sondern im Zusammenspiel der Ebenen.
> Je höher eine Information verarbeitet und interpretiert wird, desto größer kann ihre Wirkung im gesellschaftlichen Kontext sein.

Kapitel 7: Kontrolle und ihre Grenzen – warum Steuerung zur Illusion wird

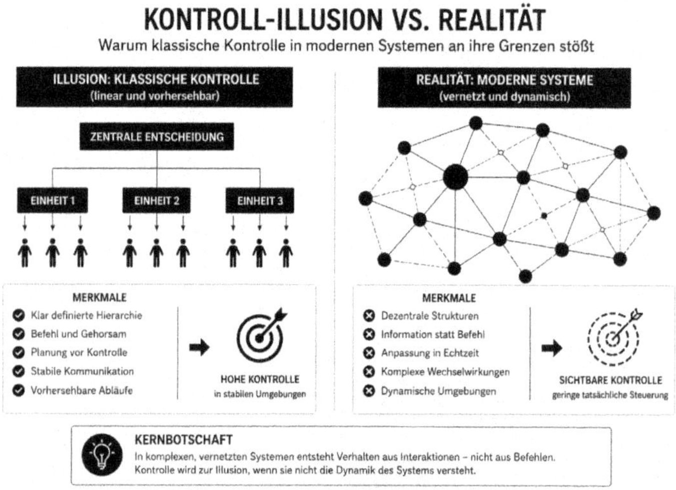

Es gibt eine Vorstellung, die tief in unserem Denken verankert ist. Die Vorstellung, dass wir die Dinge im Griff haben können.

Dass wir Systeme verstehen.
Dass wir sie steuern können.
Dass wir im Zweifel eingreifen und korrigieren können.

Diese Vorstellung ist nicht zufällig entstanden. Sie ist das Ergebnis einer langen Entwicklung. Über Generationen hinweg haben wir gelernt, Technik zu bauen, zu beherrschen und zu regulieren. Wir haben Werkzeuge entwickelt, Maschinen konstruiert, Prozesse optimiert. Wir haben gelernt, Ursache und Wirkung miteinander zu verbinden. Und daraus entstand ein grundlegendes Vertrauen: Dass Systeme kontrollierbar sind.

Nicht perfekt. Aber ausreichend. Technologische Entwicklung folgte lange Zeit einem vertrauten Muster.

Etwas Neues entsteht.
Es wird getestet.
Es wird eingesetzt.
Es verbreitet sich.

Irgendwann werden Risiken sichtbar. Dann entstehen Regeln. Gesetze. Standards. Verfahren.

Und mit der Zeit stabilisiert sich das System. Dieses Muster ist tief in unserem Denken verankert. Und genau deshalb verlassen wir uns darauf. Doch moderne technologische Systeme folgen diesem Muster nur bedingt. Nicht, weil sie sich grundsätzlich entziehen. Sondern weil sie sich schneller verändern, als dieses Muster greifen kann. Stellen wir uns eine typische Reaktion vor. Eine neue Technologie entsteht. Ihre Möglichkeiten werden sichtbar. Gleichzeitig werden ihre Risiken erkannt. Die Diskussion beginnt. Experten analysieren. Politik reagiert. Institutionen entwickeln Regelwerke.

Das Ziel ist klar: Kontrolle herstellen.

Doch genau an diesem Punkt entsteht ein Problem. Denn während wir beginnen, über Regulierung nachzudenken, entwickelt sich die Technologie bereits weiter.

Neue Varianten entstehen.
Neue Anwendungen werden gefunden.
Neue Kombinationen werden möglich.

Die Entwicklung wartet nicht. Sie passt sich nicht an den Rhythmus der Regulierung an. Und genau deshalb entsteht ein zeitlicher Versatz. Die Kontrolle kommt immer zu spät. Nicht, weil sie schlecht gemacht ist. Sondern weil sie strukturell langsamer ist als die Entwicklung selbst. Das ist kein organisatorisches Problem. Es ist ein grundlegendes.

Moderne Systeme sind:
schnell
verteilt
adaptiv

Regulierung ist:
langsamer
zentraler
stabilitätsorientiert

Diese beiden Logiken passen nicht mehr zusammen.

Sie folgen unterschiedlichen Prinzipien. Die eine ist dynamisch. Die andere ist stabilisierend. Und genau daraus entsteht die Spannung. Das bedeutet nicht, dass

Regulierung sinnlos ist. Aber es bedeutet, dass sich ihre Rolle verändert. Sie kann nicht mehr alles verhindern. Sie kann nicht mehr alles kontrollieren. Und genau hier entsteht eine Illusion. Die Illusion, dass man durch Regeln vollständige Kontrolle erreichen kann. Diese Illusion ist verständlich. Denn sie gibt Sicherheit. Sie vermittelt Ordnung. Sie schafft Orientierung. Doch sie ist gefährlich.

Denn sie erzeugt Erwartungen, die nicht erfüllt werden können. Wir glauben, dass Systeme stabil sind, weil sie reguliert sind. Wir glauben, dass Risiken begrenzt sind, weil es Regeln gibt. Wir glauben, dass Kontrolle existiert, weil wir sie definiert haben. Doch moderne Systeme folgen nicht unseren Erwartungen. Sie folgen ihrer eigenen Logik. Eine Logik, die sich nicht vollständig in Regeln abbilden lässt. Ein gutes Beispiel dafür ist die technische Gegenmaßnahme. Wenn eine Technologie als problematisch wahrgenommen wird, entsteht der Impuls, sie technisch zu begrenzen.

Signale werden gestört.
Zugänge werden eingeschränkt.
Funktionen werden blockiert.

Diese Maßnahmen können wirksam sein.

Kurzfristig.
Situativ.
Begrenzt.

Doch sie sind nie endgültig. Denn Systeme reagieren. Neue Wege werden gefunden. Umgehungen entstehen. Anpassungen werden entwickelt. Es entsteht ein

Wechselspiel. Eine Bewegung. Eine Dynamik. Jede Maßnahme erzeugt eine Gegenmaßnahme. Und genau deshalb ist Kontrolle kein Zustand. Sie ist ein Prozess. Ein Prozess, der nie abgeschlossen ist. Das ist eine unangenehme Erkenntnis. Denn sie widerspricht unserem Bedürfnis nach Stabilität. Wir wollen klare Zustände. Wir wollen wissen, was erlaubt ist und was nicht. Wir wollen Sicherheit. Doch moderne Systeme bieten uns diese Sicherheit nicht in der Form, die wir gewohnt sind. Sie bieten uns etwas anderes. Sie bieten uns Dynamik. Und Dynamik lässt sich nicht vollständig kontrollieren. Das bedeutet nicht, dass wir machtlos sind. Aber es bedeutet, dass sich unsere Rolle verändert. Wir sind nicht mehr die vollständigen Kontrolleure. Wir sind Teil des Systems.

Das hat weitreichende Konsequenzen. Denn es verschiebt die zentrale Frage. Nicht mehr:

Wie kontrollieren wir alles? Sondern:

Wie gehen wir mit einem System um, das sich ständig verändert?

Diese Verschiebung ist entscheidend. Denn sie verändert unser Verständnis von Steuerung. Steuerung bedeutet nicht mehr, alles im Griff zu haben.

Steuerung bedeutet:

Einfluss zu nehmen.
Zu beobachten.
Zu reagieren.
Zu lernen.

Und vor allem:

sich anzupassen.

Das ist eine andere Form von Kontrolle. Weniger absolut. Weniger stabil. Aber realistischer. Und genau hier kommt ein Begriff ins Spiel, der oft unterschätzt wird:

Resilienz.

Resilienz bedeutet nicht, dass nichts schiefgeht. Resilienz bedeutet, dass ein System mit Störungen umgehen kann.

Dass es sich anpasst. Dass es sich stabilisiert, ohne statisch zu sein. In einer Welt komplexer Systeme ist das entscheidend. Denn Störungen sind nicht die Ausnahme.

Sie sind der Normalzustand. Fehler passieren. Systeme werden belastet. Situationen verändern sich. Die Frage ist nicht, ob das passiert. Die Frage ist, wie wir damit umgehen. Und genau hier zeigt sich der Unterschied zwischen Kontrolle und Verständnis. Kontrolle versucht, Probleme zu verhindern. Verständnis ermöglicht, mit ihnen umzugehen. Das ist kein Widerspruch. Aber es ist eine Priorität. Und diese Priorität verschiebt sich.

Je komplexer Systeme werden, desto wichtiger wird das Verständnis. Und desto weniger reicht Kontrolle allein. Das ist vielleicht die schwierigste Erkenntnis dieses Kapitels. Denn sie verlangt, dass wir ein Stück Sicherheit aufgeben. Die Sicherheit, dass wir alles im Griff haben. Und sie ersetzt sie durch etwas anderes. Durch die

Fähigkeit, mit Unsicherheit umzugehen. Das ist anspruchsvoll. Aber es ist notwendig.

Denn nur so können wir in einer Welt bestehen, die sich schneller verändert, als wir sie vollständig kontrollieren können.

Kapitel 8: Die Zukunft der Drohnen – Systeme ohne Zentrum

Es gibt Entwicklungen, die sich nicht durch einen einzelnen Moment ankündigen. Keinen klaren Anfang. Keinen Punkt, an dem man sagen könnte: Jetzt beginnt etwas Neues. Keinen sichtbaren Bruch. Sie entstehen leise. Nicht als Ereignis. Sondern als Verschiebung.

Eine Veränderung, die nicht sofort als solche erkennbar ist, sondern sich langsam entfaltet. Schritt für Schritt. Anwendung für Anwendung. Entscheidung für Entscheidung. Wenn man über die Zukunft von Drohnen spricht, liegt es nahe, über Technik zu sprechen.

Mehr Reichweite.
Mehr Präzision.
Mehr Autonomie.

Diese Perspektive ist verständlich.

Denn Technik ist sichtbar. Messbar. Vergleichbar. Doch sie greift zu kurz. Denn die eigentliche Veränderung liegt nicht in der Verbesserung einzelner Systeme. Sie liegt in der Veränderung ihrer Struktur. Stellen wir uns eine Situation vor. Nicht eine einzelne Drohne. Sondern viele. Dutzende. Vielleicht Hunderte.

Kleine Einheiten, die sich gleichzeitig bewegen. Unabhängig voneinander – und doch verbunden. Kein klarer Befehl, der alles steuert. Keine sichtbare Hierarchie. Kein einzelner Punkt, an dem alle Informationen zusammenlaufen.

Und dennoch entsteht Ordnung.

Bewegungen stimmen sich ab. Abstände werden gehalten. Richtungen verändern sich. Was wir hier sehen, ist kein klassisches System mehr. Es ist ein Schwarm.

Schwarmlogik

Schwärme sind nicht neu. Man kennt sie aus der Natur. Fische, die sich synchron bewegen. Vögel, die in Formationen fliegen. Insekten, die komplexe Strukturen bilden. Und doch gibt es keinen sichtbaren Anführer. Keine zentrale Instanz. Keine direkte Steuerung. Das Faszinierende daran ist nicht die Bewegung selbst. Sondern die Art, wie sie entsteht. Jede einzelne Einheit folgt einfachen Regeln.

Abstand halten.
Richtung anpassen.
Bewegung synchronisieren.

Doch im Zusammenspiel entsteht ein Verhalten, das komplexer ist als jede einzelne Regel. Übertragen auf technologische Systeme bedeutet das:

Viele einfache Einheiten können gemeinsam eine Wirkung erzeugen, die früher nur durch komplexe, zentral gesteuerte Systeme möglich war. Das verändert die Struktur von Kontrolle grundlegend. Denn klassische Kontrolle basiert auf einem Zentrum.

Ein System wird gesteuert. Es gibt einen Punkt, an dem Entscheidungen getroffen werden. Einen Ort, an dem Informationen zusammenlaufen. Schwärme funktionieren anders.

Sie haben kein Zentrum. Oder genauer gesagt: Ihr Zentrum ist verteilt.

Es existiert nicht als Ort. Sondern als Beziehung. Das bedeutet: Es gibt keinen einzelnen Punkt, den man kontrollieren kann. Keinen klaren Ort, an dem man eingreifen kann. Keinen „Schalter", mit dem sich das System abschalten lässt. Und genau deshalb sind solche Systeme schwer zu beherrschen. Nicht, weil sie unkontrollierbar sind. Sondern weil sie sich unserer klassischen Vorstellung von Kontrolle entziehen.

Autonomie

Parallel zur Schwarmlogik entwickelt sich ein zweiter Trend. Autonomie. Systeme werden zunehmend in die Lage versetzt, selbstständig zu agieren. Nicht vollständig unabhängig. Aber zunehmend eigenständig.

Navigation erfolgt automatisch.
Daten werden in Echtzeit analysiert.
Muster werden erkannt.

Nicht mehr als Unterstützung. Sondern als Bestandteil des Systems. Das verändert die Rolle des Menschen. Der Mensch verschwindet nicht. Aber er verschiebt sich. Er rückt aus der direkten Handlung heraus. Er wird:

Beobachter
Entscheider auf strategischer Ebene
Interpret von Systemprozessen

Die unmittelbare Aktion findet im System statt. Nicht mehr ausschließlich durch den Menschen. Das bedeutet nicht, dass Verantwortung verschwindet. Aber es bedeutet, dass sie schwieriger zu greifen wird.
Denn wenn Systeme Entscheidungen vorbereiten – oder teilweise selbst treffen – stellt sich eine neue Frage:

Wer entscheidet, wenn ein System entscheidet? Die Antwort darauf ist nicht einfach. Und genau darin liegt die Herausforderung.

Geschwindigkeit

Ein weiterer Faktor verändert die Dynamik grundlegend. Geschwindigkeit. Moderne Systeme sind nicht nur leistungsfähiger. Sie sind schneller. Daten werden schneller erfasst. Informationen schneller verarbeitet. Entscheidungen schneller vorbereitet.

Und oft auch schneller umgesetzt. Diese Beschleunigung hat Konsequenzen. Denn Geschwindigkeit verändert nicht nur Abläufe. Sie verändert Möglichkeiten. Was früher Minuten dauerte, geschieht heute in Sekunden. Was früher Stunden brauchte, passiert in Echtzeit.

Das bedeutet: Reaktionen müssen schneller erfolgen. Entscheidungen müssen früher getroffen werden. Und genau hier entsteht ein Spannungsfeld. Der Mensch ist nicht beliebig beschleunigbar.

Er braucht Zeit. Zeit, um zu verstehen. Zeit, um abzuwägen. Zeit, um zu entscheiden.

Systeme brauchen diese Zeit nicht. Oder zumindest deutlich weniger. Das führt zu einer Verschiebung. Entscheidungen werden vorbereitet, bevor sie vollständig verstanden werden. Handlungen erfolgen, während die Interpretation noch läuft. Das ist kein Fehler. Es ist eine Konsequenz. Doch es erzeugt Unsicherheit. Denn Geschwindigkeit reduziert die Möglichkeit zur Reflexion. Und genau deshalb wird Verständnis wichtiger.

Offene Systeme

Ein weiterer entscheidender Punkt ist die Offenheit moderner Systeme. Technologische Entwicklung findet nicht mehr in abgeschlossenen Räumen statt. Sie ist global. Wissen verbreitet sich schnell. Technologien werden adaptiert. Systeme werden weiterentwickelt. Oft unabhängig voneinander.

Das bedeutet: Es gibt keinen zentralen Ort mehr, an dem die Entwicklung gesteuert wird. Innovation entsteht verteilt. Und genau deshalb ist sie schwer zu kontrollieren. Ein System, das an einem Ort reguliert wird, kann an einem anderen weiterentwickelt werden. Eine Technologie, die eingeschränkt wird, kann in veränderter Form wieder auftauchen.

Das macht klassische Steuerungsmechanismen schwierig. Denn sie setzen voraus, dass es klare Grenzen gibt. Doch diese Grenzen verschwimmen.

Systeme werden:
dezentral
flexibel
anpassungsfähig

Und genau deshalb verändert sich ihre Dynamik.

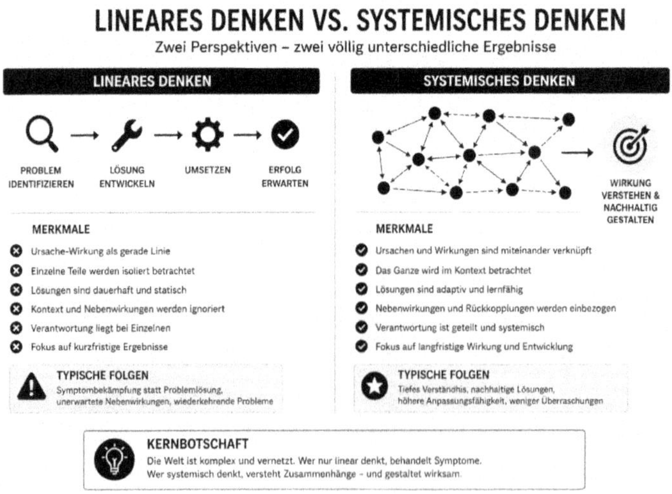

Die eigentliche Verschiebung

Wenn man diese Entwicklungen zusammen denkt, entsteht ein klares Bild. Die Zukunft der Drohnen liegt nicht in der Drohne selbst. Sie liegt in der Art, wie Systeme organisiert sind.

Weg von:
zentraler Kontrolle
klarer Hierarchie
eindeutiger Steuerung

Hin zu:
verteilten Strukturen
dynamischen Prozessen
offenen Systemen

Das ist mehr als eine technische Entwicklung. Es ist eine strukturelle Veränderung. Eine Veränderung, die tief in unsere Vorstellung von Ordnung eingreift. Denn unsere bisherigen Modelle basieren auf Kontrolle durch das Zentrum. Auf Steuerung durch Hierarchie. Auf Übersicht durch Struktur. Doch diese Modelle beginnen zu bröckeln. Nicht abrupt. Sondern schrittweise. Und genau deshalb ist diese Veränderung so schwer zu greifen.

Sie widerspricht unserer Intuition. Wir suchen nach einem Zentrum. Nach einem Verantwortlichen. Nach einem Punkt, an dem sich alles bündeln lässt. Doch moderne Systeme bieten uns diesen Punkt oft nicht mehr. Sie sind verteilt. Und genau deshalb müssen wir lernen, anders zu denken. Nicht in Zentren. Sondern in Netzwerken. Nicht in Kontrolle. Sondern in Einfluss. Nicht in Zuständen. Sondern in Prozessen. Das ist anspruchsvoll.Aber es ist notwendig. Denn wer weiterhin in alten Kategorien denkt, wird neue Systeme nicht verstehen. Und wer sie nicht versteht, kann nicht sinnvoll mit ihnen umgehen. Und genau darin liegt die eigentliche Herausforderung der Zukunft.Nicht, welche Technologie entsteht.

Sondern: wie wir lernen, sie zu denken.

Kapitel 9: Der informierte Bürger – Verstehen als Form von Handlung

Es gibt einen Moment, in dem ein Buch aufhört, nur zu erklären. Und beginnt, eine Frage zu stellen.

Bis hierhin ging es um Systeme. Um Technologien. Um Strukturen und Zusammenhänge, die oft unsichtbar bleiben. Der Blick war nach außen gerichtet.

Auf Entwicklungen, die größer sind als der Einzelne. Auf Prozesse, die sich scheinbar unabhängig von uns vollziehen. Doch an diesem Punkt verändert sich die Perspektive. Denn die entscheidende Frage ist nicht mehr:

Was passiert?

Sondern:

Was bedeutet das für uns?

Und noch genauer:

Welche Rolle haben wir darin?

Stellen wir uns eine einfache Situation vor. Du liest eine Nachricht. Ein kurzer Bericht. Ein Ereignis irgendwo auf der Welt. Vielleicht geht es um eine Drohne. Vielleicht um ein System, eine Entscheidung, eine Entwicklung, die sich schwer einordnen lässt. Du nimmst es zur Kenntnis. Vielleicht bleibst du einen Moment hängen. Vielleicht auch nicht. Dann scrollst du weiter. Zum nächsten Thema. Zur nächsten Meldung. Zum nächsten Impuls. Das ist kein Vorwurf. Es ist normal. Denn die Welt ist komplex geworden. Zu komplex, um jedes Ereignis vollständig zu durchdringen. Zu schnell, um bei allem stehen zu bleiben. Zu vielschichtig, um sofort Zusammenhänge zu erkennen. Und genau hier beginnt das Problem. Nicht, weil wir zu wenig Informationen haben. Sondern weil wir zu viele haben.

Information allein schafft kein Verständnis.

Im Gegenteil. Zu viele Informationen können dazu führen, dass wir den Zusammenhang verlieren. Wir sehen einzelne Ereignisse. Aber wir erkennen nicht, wie sie zusammenhängen. Wir nehmen Fragmente wahr. Aber kein Gesamtbild. Und genau dadurch entsteht Distanz.

Eine Distanz, die nicht nur räumlich ist. Sondern gedanklich. Wir sehen, was passiert. Aber wir fühlen uns nicht betroffen. Denn das, was wir sehen, wirkt weit entfernt. Abstrakt. Schwer greifbar. Technologische Entwicklungen erscheinen komplex.Systeme wirken undurchsichtig. Zusammenhänge bleiben verborgen. Und genau daraus entsteht ein Gefühl, das oft unterschätzt wird. Ein Gefühl von:

Machtlosigkeit

Nicht laut. Nicht dramatisch. Nicht offensichtlich. Aber konstant. Ein leises Gefühl im Hintergrund. Das Gefühl, dass sich Dinge verändern, ohne dass man Einfluss darauf hat. Dass Systeme entstehen, die größer sind als das eigene Verständnis. Dass Entscheidungen getroffen werden, deren Grundlage man nicht vollständig kennt. Dieses Gefühl ist nicht irrational. Es ist eine logische Reaktion. Eine Reaktion auf eine Welt, in der Zusammenhänge komplexer geworden sind. Doch wie gehen wir damit um? Oft mit Verdrängung. Nicht bewusst. Nicht aktiv. Aber effektiv. Wir wenden uns ab. Wir reduzieren Komplexität, indem wir sie ausblenden. Wir beschäftigen uns lieber mit Dingen, die greifbar sind. Mit Themen, die wir verstehen. Mit Bereichen, in denen wir das Gefühl haben, Einfluss zu haben. Das ist menschlich.

Aber es hat Konsequenzen. Denn was wir nicht verstehen, können wir nicht einordnen. Und was wir nicht einordnen können, bleibt diffus. Diffus – und damit bedrohlich. Hier schließt sich ein Kreis. Im Vorwort ging es um ein Gefühl. Ein leises Summen. Ein Blick in den Himmel. Und die Unsicherheit, die bleibt.

Der Panzer war eine Maschine, die Angst erzeugte, weil sie sichtbar war. Man konnte ihn sehen. Hören. Spüren. Die Bedrohung war klar. Die Drohne ist anders. Sie ist oft unsichtbar. Und genau deshalb wirkt sie anders. Nicht durch Präsenz. Sondern durch Unsicherheit.

Und Unsicherheit erzeugt eine andere Form von Angst. Eine, die schwerer zu greifen ist. Eine, die nicht an ein konkretes Objekt gebunden ist. Sondern an ein Gefühl.

Ein Gefühl von Kontrollverlust. Doch genau hier liegt auch eine Möglichkeit. Denn Unsicherheit kann aufgelöst werden. Nicht durch Kontrolle. Sondern durch Verständnis. Verstehen bedeutet nicht, alles zu wissen. Verstehen bedeutet, Zusammenhänge zu erkennen. Zu sehen, wie Dinge miteinander verbunden sind. Zu begreifen, warum etwas geschieht. Zu erkennen, welche Logik dahinter steht. Das verändert die Perspektive.

Was vorher unübersichtlich war, wird strukturierbar. Was vorher bedrohlich war, wird einordbar. Das bedeutet nicht, dass Probleme verschwinden. Aber es bedeutet, dass wir anders mit ihnen umgehen können. Und genau hier entsteht eine Form von Handlung. Nicht im klassischen Sinne. Nicht als direkte Aktion. Sondern als Haltung.

Der informierte Bürger ist nicht derjenige, der jedes Detail kennt. Nicht derjenige, der jedes System durchdringt. Nicht derjenige, der auf jede Frage eine Antwort hat. Er ist derjenige, der versteht, wie Dinge zusammenhängen. Der erkennt, dass Technologie nicht isoliert wirkt. Sondern eingebettet in Systeme. Der versteht, dass Entscheidungen nicht aus dem Nichts entstehen. Sondern das Ergebnis von Prozessen sind.

Und der begreift, dass die Wirkung nicht im Ereignis liegt. Sondern in seiner Interpretation. Das ist kein abstrakter Gedanke. Es hat konkrete Auswirkungen. Denn wer versteht, stellt andere Fragen.
Nicht mehr: Was ist passiert?

Sondern: Warum wurde es so verstanden?

Nicht mehr: Wer hat gehandelt?

Sondern: In welchem System ist diese Handlung entstanden?

Nicht mehr: Was bedeutet das?

Sondern: Welche Wirkung entfaltet es – und warum?

Diese Fragen verändern den Blick. Und genau dadurch entsteht Einfluss. Nicht als direkte Kontrolle. Sondern als Fähigkeit zur Einordnung. Und diese Fähigkeit ist entscheidend. Denn sie bestimmt, wie wir reagieren. Wie wir bewerten. Wie wir Informationen einordnen. Und damit: wie wir als Gesellschaft mit Technologie umgehen.

Denn Gesellschaft ist nicht abstrakt. Sie besteht aus Individuen. Aus Wahrnehmung. Aus Interpretation. Aus Reaktion. Am Ende steht eine einfache, aber weitreichende Erkenntnis. Die Zukunft wird nicht davon bestimmt, welche Technologien entstehen. Sondern davon, wie gut wir verstehen, was sie mit uns machen. Und genau dieses Verständnis beginnt nicht bei den Systemen.

Es beginnt bei uns.

Bei der Bereitschaft, hinzusehen. Bei der Fähigkeit, Zusammenhänge zu denken. Und bei der Entscheidung, sich nicht abzuwenden. Denn Verstehen ist keine passive Tätigkeit.

Es ist eine Form von Handlung.

Schlusskapitel: Ein offener Blick nach vorn

Es wäre einfach, dieses Buch mit einer klaren Antwort zu beenden.

Mit einer Empfehlung.
Mit einer Strategie.
Mit einer abschließenden Bewertung.

Ein letzter Satz, der alles zusammenführt.
Ein Gedanke, der Sicherheit gibt.
Ein Gefühl von Abschluss.

Doch genau das würde dem Thema nicht gerecht werden. Denn die Entwicklung, die hier beschrieben wurde, ist nicht abgeschlossen. Sie ist nicht einmal stabil. Sie ist in Bewegung. Und sie wird es bleiben. Technologische Systeme entwickeln sich weiter. Nicht in einzelnen Schritten. Sondern kontinuierlich.

Sie werden komplexer.
Schneller.
Vernetzter.
Schwerer zu durchdringen.

Das ist keine Prognose. Es ist eine Konsequenz. Eine Konsequenz aus der Logik, die wir in den vorherigen Kapiteln beschrieben haben. Systeme entwickeln sich, weil sie miteinander verbunden sind. Weil sie aufeinander reagieren. Weil sie sich anpassen. Und genau deshalb gibt es keinen Punkt, an dem man sagen könnte:

Jetzt haben wir es verstanden.
Jetzt haben wir es im Griff.
Jetzt ist es abgeschlossen.

Dieses Buch kann keinen Abschluss bieten. Und es sollte es auch nicht. Denn ein Abschluss würde suggerieren, dass es eine endgültige Perspektive gibt. Eine feste Ordnung. Eine stabile Wahrheit. Doch genau das ist es, was moderne Systeme nicht mehr bieten. Sie sind offen. Und genau deshalb muss auch unser Blick offen bleiben.

Nicht als Unsicherheit. Sondern als Haltung.

Offen für Veränderungen.
Offen für neue Zusammenhänge.
Offen für die Möglichkeit, dass sich das eigene Verständnis weiterentwickeln muss.

Das ist ungewohnt. Denn wir sind darauf ausgerichtet, Dinge abzuschließen. Zu verstehen. Einzuordnen. Abzulegen. Doch in einer Welt, die sich ständig verändert, wird Verständnis selbst zu einem Prozess. Nicht zu einem Zustand. Das bedeutet:

Man ist nie „fertig“. Man ist immer im Werden. Und genau darin liegt eine Chance. Denn wenn wir akzeptieren, dass es keinen endgültigen Zustand gibt, verändert sich unser Umgang mit Wissen. Wissen wird nicht mehr etwas, das man besitzt. Sondern etwas, mit dem man arbeitet.

Etwas, das sich verändert. Etwas, das wächst. Dieses Buch versteht sich genau in diesem Sinne. Nicht als endgültige Erklärung. Sondern als Rahmen. Ein Rahmen, der es ermöglicht, Entwicklungen einzuordnen. Ein Rahmen, der hilft, nicht nur zu reagieren, sondern zu verstehen. Ein Rahmen, der Orientierung bietet, ohne Vereinfachung. Denn Orientierung bedeutet nicht, alles zu wissen. Orientierung bedeutet, zu wissen, wie man sich bewegt. Wie man denkt. Wie man einordnet. Und genau das wird in Zukunft entscheidend sein. Nicht, dass wir jede Technologie im Detail verstehen. Nicht, dass wir jedes System vollständig durchdringen. Sondern dass wir erkennen, wie sie wirken. Wie sie sich verändern. Und wie wir uns in ihnen bewegen. Denn die eigentliche Herausforderung liegt nicht in der Technologie selbst. Sie liegt in unserer Beziehung zu ihr. In der Art, wie wir sie wahrnehmen. Wie wir sie interpretieren. Wie wir auf sie reagieren. Das ist keine technische Frage. Es ist eine kulturelle. Eine gesellschaftliche. Und letztlich eine persönliche.Denn jede große Veränderung wirkt sich am Ende im Kleinen aus.In der Wahrnehmung des Einzelnen. In der Art, wie wir Informationen aufnehmen. Wie wir Entscheidungen treffen. Wie wir uns zur Welt verhalten. Die Systeme mögen komplex sein. Doch ihre Wirkung zeigt sich im Alltag.

In kleinen Momenten.
In Entscheidungen.
In Einschätzungen.

Und genau dort beginnt auch die Möglichkeit, Einfluss zu nehmen.Nicht durch Kontrolle. Nicht durch vollständiges Verständnis.

Sondern durch Aufmerksamkeit. Durch Reflexion. Durch die Bereitschaft, sich nicht mit einfachen Antworten zufriedenzugeben. Das ist anstrengend. Denn es bedeutet, Unsicherheit auszuhalten. Es bedeutet, nicht sofort zu urteilen. Nicht sofort einzuordnen. Nicht sofort zu vereinfachen. Doch genau darin liegt eine Form von Stärke. Die Fähigkeit, Komplexität auszuhalten. Die Fähigkeit, Zusammenhänge zu denken. Die Fähigkeit, offen zu bleiben. Denn Offenheit ist keine Beliebigkeit. Offenheit ist die Bereitschaft,
weiterzudenken.
Weiterzufragen.
Weiterzuentwickeln.

Und genau das wird entscheidend sein. Denn die Zukunft wird nicht von den Technologien bestimmt, die entstehen. Sondern von der Art, wie wir mit ihnen umgehen. Wie wir sie verstehen. Wie wir sie einordnen. Und wie wir auf sie reagieren. Das bedeutet nicht, dass alles offen ist. Aber es bedeutet, dass nichts endgültig ist. Dass jede Entwicklung neue Fragen aufwirft. Dass jede Antwort nur ein Zwischenschritt ist. Und genau deshalb endet dieses Buch nicht mit einer Schlussfolgerung. Sondern mit einer Einladung.

Weiterzudenken.
Weiterzubeobachten.
Weiterzuverstehen.

Denn Verständnis ist kein Ziel.

Es ist ein Weg.

Ein Weg, der nie abgeschlossen ist.

Ein Weg, der sich mit jeder neuen Entwicklung verändert.

Und ein Weg, der genau hier beginnt.

Nicht im System.

Sondern bei uns.

Glossar

Asymmetrie

Asymmetrie beschreibt nicht einfach nur einen Unterschied in Stärke, Ressourcen oder Fähigkeiten. In klassischen Vorstellungen bedeutet Asymmetrie oft: jemand ist stärker, jemand ist schwächer. In modernen technologischen Systemen ist dieser Begriff komplexer.

Asymmetrie entsteht hier vor allem durch Unterschiedlichkeit. Unterschiedliche Systeme reagieren unterschiedlich auf Belastung. Ein einfaches System kann robuster sein, weil es weniger Abhängigkeiten hat. Ein komplexes System kann leistungsfähiger sein, ist aber gleichzeitig anfälliger für Störungen.

Das bedeutet: Asymmetrie ist kein statischer Zustand.Sie ist eine Beziehung. Eine Beziehung zwischen Systemen, die unterschiedlich organisiert sind, unterschiedlich reagieren und unterschiedlich mit Unsicherheit umgehen.

Autonomie

Autonomie beschreibt die Fähigkeit eines Systems, Entscheidungen oder Handlungen ohne direkte menschliche Steuerung auszuführen. Dabei bedeutet Autonomie nicht vollständige Unabhängigkeit.

Moderne Systeme sind selten völlig autonom. Sie bewegen sich vielmehr auf einem Spektrum: von direkter menschlicher Steuerung über unterstützende Systeme bis hin zu weitgehend eigenständigen Prozessen Autonomie verändert die Rolle des Menschen. Der Mensch verschwindet nicht, aber er verschiebt sich: weg von der direkten Handlung hin zur Überwachung, Interpretation und strategischen Entscheidung Dadurch wird Verantwortung komplexer – nicht weniger.

Daten

Daten sind die Grundlage moderner Systeme. Sie entstehen durch Erfassung: durch Sensoren durch Kameras durch digitale Prozesse. Doch Daten sind nicht gleich Realität. Sie sind eine Repräsentation. Ein Ausschnitt. Eine Perspektive. Daten zeigen nicht „die Welt“, sondern eine Auswahl der Welt – abhängig davon, was erfasst wird und was nicht. Deshalb sind Daten niemals neutral. Sie sind immer eingebettet in ein System, das bestimmt, wie sie entstehen und wie sie genutzt werden.

Disruption

Disruption beschreibt keine plötzliche Explosion von Innovation. Sie beschreibt eine Verschiebung von Bedingungen. Etwas wird nicht unbedingt neu erfunden – aber der Zugang dazu verändert sich.

Was früher selten war, wird verfügbar.
Was früher komplex war, wird einfach.
Was früher gebunden war, wird flexibel.

Die eigentliche Wirkung von Disruption liegt nicht im Neuen selbst. Sondern darin, dass bestehende Strukturen ihre Gültigkeit verlieren.

Drohne

Eine Drohne ist technisch gesehen ein unbemanntes (Luft)fahrzeug. Doch diese Definition greift zu kurz. Im Kontext dieses Buches ist eine Drohne: kein isoliertes Gerät sondern ein Element eines Systems. Sie ist Teil eines Netzwerks, das: Wahrnehmung erzeugt, Daten sammelt, Informationen verarbeitet, Entscheidungen vorbereitet. Die Drohne ist sichtbar. Das System, in dem sie wirkt, oft nicht.

Interpretation

Interpretation ist der Prozess, durch den Daten Bedeutung erhalten. Daten allein sind nicht entscheidend. Erst wenn sie: eingeordnet, bewertet, in Zusammenhang gebracht werden, entsteht Information – und daraus eine Bedeutung. Interpretation ist niemals vollständig objektiv. Sie folgt Regeln.Sie ist abhängig von: Systemen, Kontext, Perspektive. Und genau deshalb kann dieselbe Information zu unterschiedlichen Ergebnissen führen.

KDW-Modell

Das KDW-Modell ist ein Denkwerkzeug zur Beschreibung moderner technologischer Wirkung. KDW steht nicht für eine technische Formel, sondern für eine Struktur des Verstehens. Es beschreibt, dass Wirkung auf mehreren Ebenen entsteht:

physisch
datenbasiert
verarbeitend
systemisch
gesellschaftlich

Die zentrale Erkenntnis des Modells: Wirkung entsteht nicht im Ereignis selbst. Sondern in seiner Interpretation – insbesondere auf der gesellschaftlichen Ebene.

Komplexität

Komplexität beschreibt Systeme, die aus vielen miteinander verbundenen Komponenten bestehen. Wichtig ist: Komplexität ist nicht dasselbe wie Kompliziertheit. Ein kompliziertes System kann verstanden werden, wenn man alle Teile kennt. Ein komplexes System verändert sich. Es reagiert. Es entwickelt Dynamiken, die nicht vollständig vorhersehbar sind. Komplexität bedeutet:

mehr Möglichkeiten
mehr Verbindungen
mehr Unsicherheit

Und damit auch: mehr Bedarf an Verständnis statt Kontrolle.

Kontrolle

Kontrolle bedeutet klassisch, dass ein System steuerbar ist. Dass man: eingreifen kann, Ergebnisse vorhersagen kann, Abweichungen korrigieren kann
In modernen Systemen verändert sich dieser Begriff.
Kontrolle wird: unscharf, verteilt, prozesshaft
Man hat nicht mehr vollständige Kontrolle.
Man hat Einfluss. Man arbeitet mit Wahrscheinlichkeiten.
Kontrolle ist kein Zustand mehr. Sondern ein kontinuierlicher Prozess.

Kontext

Kontext beschreibt den Zusammenhang, in dem etwas steht. Ein Ereignis hat keine feste Bedeutung. Es bekommt seine Bedeutung durch den Kontext. Der Kontext umfasst: Umstände, Rahmenbedingungen, Interpretationsmuster. Ein und dieselbe Information kann in unterschiedlichen Kontexten völlig unterschiedliche Wirkungen entfalten. Deshalb gilt: Kontext ist nicht Beiwerk. Er ist entscheidend.

Netzwerk

Ein Netzwerk ist eine Struktur aus miteinander verbundenen Elementen. In modernen Systemen sind Netzwerke:
verteilt
dynamisch
anpassungsfähig

Es gibt oft kein klares Zentrum. Keine eindeutige Hierarchie. Wirkung entsteht durch das Zusammenspiel der Verbindungen – nicht durch einen einzelnen Punkt.

Präsenz

Präsenz bedeutete früher: physisch anwesend zu sein. Heute hat sich dieser Begriff verändert. Man kann präsent sein, ohne vor Ort zu sein. Man kann beobachten, ohne gesehen zu werden. Man kann eingreifen, ohne physisch einzugreifen. Präsenz ist damit keine Eigenschaft des Ortes mehr. Sondern eine Eigenschaft des Systems.

Resilienz

Resilienz beschreibt die Fähigkeit eines Systems, mit Störungen umzugehen. Nicht, sie zu vermeiden. Sondern:

sie zu absorbieren
sich anzupassen
weiter zu funktionieren

Resilienz ersetzt die Idee der perfekten Kontrolle. Denn in komplexen Systemen sind Störungen unvermeidlich.

System

Ein System ist mehr als die Summe seiner Teile. Es besteht aus:

Elementen
Verbindungen
Prozessen

Das Entscheidende ist: Aus dem Zusammenspiel entsteht etwas Neues. Eigenschaften, die kein einzelnes Element besitzt. Ein System: reagiert, verändert sich und entwickelt Dynamiken

Und genau deshalb ist es schwer vollständig zu kontrollieren.

Unsicherheit

Unsicherheit entsteht dort, wo nicht alle Informationen verfügbar sind – oder nicht eindeutig interpretiert werden können. In modernen Systemen ist Unsicherheit kein Ausnahmezustand. Sie ist normal. Sie entsteht durch:

Komplexität
Geschwindigkeit
Vernetzung

Der Umgang mit Unsicherheit wird damit zu einer zentralen Fähigkeit.

Wirkung

Wirkung ist nicht gleich Ereignis. Ein Ereignis ist das, was passiert. Wirkung ist das, was daraus entsteht. Und diese Wirkung entsteht:
durch Interpretation
durch Kontext
durch gesellschaftliche Einordnung

Deshalb kann ein kleines Ereignis große Wirkung haben. Und ein großes Ereignis geringe.

Zentrum

Ein Zentrum ist in klassischen Systemen der Ort, an dem Kontrolle stattfindet. Dort laufen Informationen zusammen. Dort werden Entscheidungen getroffen. Moderne Systeme verlieren dieses Zentrum. Oder verteilen es. Das bedeutet: Es gibt keinen einzelnen Punkt mehr, an dem alles gesteuert werden kann. Und genau das verändert die Logik von Kontrolle grundlegend.

Über den Autor:

Emanuel Kotzian wurde am 20. September 1972 in Krakau, Polen, geboren. 1981 emigrierte er gemeinsam mit seinen Eltern nach Deutschland. Er fand schnell Anschluss, lernte die deutsche Sprache rasch und qualifizierte sich bereits zum Schuljahr 1983 für das Pirckheimer Gymnasium in Nürnberg.

1986 wechselte er an das Internat Seminarium St. Paul, wo er sein Abitur absolvierte. Die dort gelebte Gemeinschaft sowie die Förderung individueller Talente prägen ihn bis heute. Bereits früh engagierte er sich kulturell und gesellschaftlich, leitete die Teestube, wirkte in der Theatergruppe und wurde von seinen Mitschülern zum Schülersprecher gewählt.

Das Interesse an gesellschaftlicher Verantwortung begleitete ihn auch über Schule, Studium und Beruf hinaus. Er engagierte sich in verschiedenen Vereinen und Organisationen, darunter dem Volksbad Nürnberg e. V., Europa-Union, Stadt-SMV. Besonders prägend waren für ihn fünf Jahre Tätigkeit als Schöffe am Jugendgericht Nürnberg sowie zehn Jahre Dienst als Handelsrichter in Berlin.

Neben seiner beruflichen und gesellschaftlichen Tätigkeit ist Emanuel Kotzian Vorsitzender der digitalen Nanopartei „e.partei“, die sich mit den Auswirkungen technologischer und gesellschaftlicher Transformation beschäftigt. Emanuel Kotzian verheimlicht nicht 15 Jahre aktives Mitglied von Bündnis 90/Die Grünen sowie 6 Jahre aktives Mitglied der Piratenpartei gewesen zu sein.

Wasser bezeichnet er als sein eigentliches Element. Ob Schwimmen, Schnorcheln oder einfach das Unterwegssein an Flüssen, Seen oder am Meer – die Nähe zum Wasser begleitet ihn seit vielen Jahren. Trotz seiner ökologischen Grundhaltung liebt er zugleich das Reisen und das Fliegen, insbesondere nach Spanien, das er als seine dritte Heimat betrachtet.

Städte erkundet er grundsätzlich zu Fuß, interessiert am Leben auf den Straßen, an Architektur, Geschichte und Atmosphäre. Zu seinen bevorzugten Orten in Europa zählen unter anderem Amsterdam, Barcelona, Bern, Kiew, Prag, Warschau, Wien und Zürich. In Deutschland haben ihn insbesondere Berlin und Hamburg geprägt, während ihn heute Städte wie Bamberg, Dessau oder Trier durch ihre kulturelle Identität und historische Tiefe faszinieren.

Geschichte gehört seit seiner Schulzeit zu seinen großen Leidenschaften. Besonders die Kulturen und Errungenschaften der Antike prägen sein Interesse bis heute. Auch kulturell fühlt er sich mit modernen und abstrakten Ausdrucksformen verbunden. Literarisch bevorzugt er klassische Autoren wie Ernest Hemingway, Oscar Wilde und John Steinbeck.

Darüber hinaus pflegt er eine Comic-Sammlung und interessiert sich für Strategie- und Simulationsspiele – digital ebenso wie analog. Besonders Schach, historische Strategiespiele und klassische Pen-&-Paper-Rollenspiele gehören seit vielen Jahren zu seinen persönlichen Interessen.

Kulinarisch bevorzugt er landestypische Küche mit Schwerpunkt auf vegetarischen Gerichten und Fischspeisen. Dazu trinkt er gerne Rotwein oder ein fränkisches Bier.

Mit *ACHTUNG DROHNE!* verbindet Emanuel Kotzian technologische Analyse mit gesellschaftlicher Perspektive und verfolgt das Ziel, komplexe Entwicklungen verständlich, strukturiert und systemisch einzuordnen.

www.ingramcontent.com/pod-product-compliance
Lightning Source LLC
Chambersburg PA
CBHW050531240926
51846CB00003B/772
* 9 7 8 3 0 0 0 8 6 9 0 6 8 *